国家中等职业教育改革发展示范学校建设系列成果

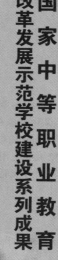

电气系统安装与调试

DIANQI XITONG ANZHUANG YU TIAOSHI

主　编　易善菊
副主编　龚南彬
主　审　冉益民

U0190575

重庆大学出版社

内 容 提 要

本书改变传统教材以讲述理论知识为主的编写思路,紧紧围绕工作任务完成的需求来选择和组织课程内容,突出工作任务与知识的联系,让学生在电工基本技能实践活动的基础上掌握相关知识和技能,增强课程内容与职业岗位能力要求的相关性,提高学生的就业能力。全书共分7个项目,每一个项目包含多个任务,项目一、二、三着重介绍电机学的相关知识与技能,项目四、五、六着重介绍电力拖动的相关知识与技能,项目七介绍了变频调速相关知识与技能。

本书可作为机电技术应用、维修电工等专业的"电气系统安装与调试"课程的教材,也可供相近专业师生和工程技术人员参考。

图书在版编目(CIP)数据

电气系统安装与调试/易善菊主编. —重庆:重庆大学出版社,2015.3(2016.7重印)
(国家中等职业教育改革发展示范学校建设系列成果)
ISBN 978-7-5624-8931-3

Ⅰ.①电… Ⅱ.①易… Ⅲ.①电气设备—中等专业学校—教材 Ⅳ.①TM

中国版本图书馆 CIP 数据核字(2015)第 056576 号

电气系统安装与调试

主 编 易善菊
副主编 龚南彬
主 审 冉益民
策划编辑 曾显跃

责任编辑:李定群 姜 凤 版式设计:曾显跃
责任校对:秦巴达 责任印制:赵 晟

*
重庆大学出版社出版发行
出版人:易树平
社址:重庆市沙坪坝区大学城西路21号
邮编:401331
电话:(023)88617190 88617185(中小学)
传真:(023)88617186 88617166
网址:http://www.cqup.com.cn
邮箱:fxk@cqup.com.cn(营销中心)
全国新华书店经销
重庆川渝彩色印务有限公司印刷
*

开本:787mm×1092mm 1/16 印张:16 字数:399千
2015 年 3 月第 1 版 2016 年 7 月第 4 次印刷
印数:1 102—1 700
ISBN 978-7-5624-8931-3 定价:32.00 元

中等职业教育示范校建设成果系列
教材编写指导委员会

序

《国家中长期教育改革和发展规划纲要(2010—2020年)》、《中等职业教育改革创新行动计划(2010—2012年)》和《教育部、人力资源和社会保障部、财政部关于实施国家中等职业教育改革发展示范学校建设计划的意见》(教职成〔2010〕9号)的颁布与实施,为中等职业教育改革发展指明了方向。其中在推进课程改革与创新教育内容方面明确提出,中等职业学校要以提高学生综合职业能力和服务终身发展为目标,贴近岗位实际工作过程,对接职业标准,更新课程内容、调整课程结构、创新教学方式……以人才培养对接用人需求、专业对接产业、课程对接岗位、教材对接技能为切入点,深化教学内容改革……

为此,重庆市工业高级技工学校乘国家中等职业教育改革发展示范学校建设的东风,在推进课程改革与创新教育内容方面进行了大胆的改革和尝试,建立了由行业、企业、学校和有关社会组织等多方参与的教材建设机制,针对岗位技能要求变化,以职业标准为依据,在现有教材基础上更新教材结构和内容,编撰了补充性和延伸性的教辅资料;依托行业、企业等开发了服务地方新兴产业、新职业和新岗位的校本教材。

重庆市工业高级技工学校在国家中等职业教育改革发展示范建设学校中的建设项目共有3个重点建设专业——电子技术应用、机电技术应用和数控技术应用,1个特色项目——永川呼叫和金融数据处理公共服务平台。示范校开建以来,在国家和市级专家的指导下,4个项目组分别对本专业行业和重庆具有代表性的企业(每个专业至少10家)进行了调研,了解产业现状和发展趋势,掌握重庆相关企业的岗位设置及企业对技能人才的能力要求,明确毕业生所需专业能力、方法能力和社会能力;结合本专业相关的行业、国家标准(规程规范)分别进行了专业工作领域、典型工作任务的分析(形成岗位调研及工作任务分析报告),归纳出典型工作任务对应的课程,构建课程体系,并制订出适合现代职业教育特点的课程标准。

根据新的课程标准,学校教师与企业行业专家一道,编撰完成了一批校本教材,将学校在开展教学模式改革、创新人才培养模式、创新教育内容方面总结出的一些成功的经验,物化成了示范校改革创新的成果。藉国家中职示范学校建设计划检查验收提炼成果之际,在重庆大学出版社的大力支持下,学校把改革创新等示范学校建设成果通过整理,汇编成系列教材出版,充分反映出了学校两年创建工作的成效,也凝聚了学校参与创建工作人员的辛勤汗水。

就重庆市工业高级技工学校的发展历程而言,两年的创建过程就似白驹过隙,转瞬即逝;就国家中职发展而言,重庆市工业高级技工学校的改革创新实践工作也似沧海一粟,微不足道。但老师们所编写的中职学校改革发展的系列教材,对示范中职学校如何根据国家和区域经济社会发展实际进行深化改革、大胆创新、办出特色方面,提供了有益的参考。

系列教材的出版,一方面是向教育部、人力资源和社会保障部、财政部的领导汇报重庆市工业高级技工学校两年来示范中职学校的创建工作,展示建设的成果;另一方面也将成为研究国家中等职业教育改革发展示范学校建设的一级台阶,供大家学习借鉴。

相信通过示范中职学校的建设,将极大地提高学校的办学水平,提高职业教育技术技能型人才培养的质量,充分发挥职业教育在服务国家经济社会建设中的重要作用。

校长　李庆

2015 年 1 月

前　言

本教材是在广泛企业调研的基础上，依据机电技术应用专业典型工作任务分析并结合国家职业技能鉴定维修电工中级工标准确定课程目标，以典型工作任务为载体，将课程目标确定知识技能融入项目任务中，真正实现做中学、学中做、做中教，让学生在完成工作任务的过程中学会知识，掌握技能，并养成良好的职业习惯。

本书主要有拆装直流电动机、拆装交流电动机、绕制小型变压器、拆装常用低压电器、安装与调试电动机基本控制线路、典型机床电气控制线路故障排除及电动机变频调速接线与调试 7 个项目。

本教材由易善菊主编和统稿，龚南彬任副主编，冉益民任主审。

承担本书的编写人员是：易善菊、赵红坤、赵红、张承、魏建业、龚南彬、赵磊。其中，项目一由赵红坤编写，项目二由魏建业编写，项目三由赵红编写，项目四由张承编写，项目五由易善菊编写，项目六由龚南彬编写，项目七由赵磊编写。

在编写过程中，得到广东三向教学仪器有限公司开发部部长叶光显和学校电气工程系主任张启福的大力支持和帮助，在此编者表示感谢。

由于时间仓促，编者水平有限，书中难免出现不妥之处，敬请同行们批评指正。

编　者
2014 年 5 月

目　录

项目一 直流电动机的拆装

【项目描述】

电机是实现机电能量转换的装置,将机械能转换为直流电能的电机称为直流发电机;将直流电能转换为机械能的电机称为直流电动机。直流电动机具有调速范围广、调速平滑、过载能力高、启动和制动转矩较大等特点,广泛应用于启动和调速要求较高的生产机械。本项目主要通过直流电动机拆装来学习其结构、原理、安装和维护等内容。

【项目要求】

知识:

➤ 能记住电动机的定义(将机械能转换为电能的装置);

➤ 能辨认电动机种类,识读电动机铭牌;

➤ 能分析直流电动机的结构和工作原理,正确理解换向问题;

➤ 能根据直流电动机的励磁方式进行分类;

技能:

➤ 能从身边的电气设备中找出电动机,具有拓展知识能力;

➤ 能正确拆装电动机;

➤ 能熟练排除电动机常见故障。

情感态度:

➤ 能参与课堂教学活动,分享活动成果;

➤ 能遵守活动安全规则,懂得安全操作的重要性;

➤ 能主动与同学或教师进行交流;

➤ 能自觉学习电动机相关知识。

任务一 认识直流电动机

结合身边事物和生活经验,在电气设备中找出电动机,并能识别它们。同小组成员一起,写出报告。

【工作过程】

工作步骤		工作内容
收集信息	资信	获取以下信息和知识： 　设备或电器上的电动机 　电动机的结构、工作原理 　电动机拆装工艺流程 　电动机铭牌
决策计划	决策	确定电动机类型 确定电动机型号
	计划	根据身边事物或采用其他渠道收集素材,编写小组分工计划
组织实施	实施	根据身边事物或采用其他渠道组织实施收集素材
检查评估	检查	电动机种类、功用、型号等正确性,素材渠道来源
	评估	电动机种类、功用、型号等内容; 团队精神 工作反思

一、收集信息

(一)直流电机分类

1. 按有无电刷分类

按有无电刷可分为直流有刷电机和直流无刷电机(见图1.1)。

(a)Z2-31有刷直流电动机　　　　　　(b)Z2-22 直流无刷水泵电动机

图 1.1　直流电动机

2. 按励磁方式分类

直流电动机按励磁方式可分为他励直流电动机、并励直流电动机、串励直流电动机、复励直流电动机 4 种,如图 1.2 所示。

(二)直流电动机铭牌

直流电动机铭牌如图 1.3 所示。铭牌上的数据是额定值,作为选择和使用直流电动机的依据。

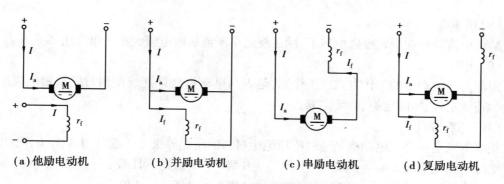

（a）他励电动机　　　　（b）并励电动机　　　　（c）串励电动机　　　　（d）复励电动机

图 1.2　直流电机的励磁方式

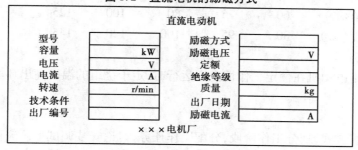

图 1.3　直流电动机铭牌

（1）型号意义

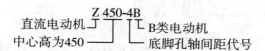

（2）额定功率（容量）

额定功率是指在长期使用时，轴上允许输出的机械功率。单位用 kW 表示。

（3）额定电压

额定电压是指在额定条件下运行时从电刷两端施加给电动机的输入电压。单位用 V 表示。

（4）额定电流

额定电流是指在额定电压下输出额定功率时，长期运转允许输入的工作电流。单位用 A 表示。

（5）额定转速

当电动机在额定工作情况下（额定功率、额定电压、额定电流）运转时，转子转速为额定转速，单位用 r/min 表示。

（6）励磁方式

励磁方式是指励磁绕组的供电方式。

（7）励磁电压

励磁电压是指励磁绕组供电的电压值。一般有 110 V、220 V 等。单位用 V 表示。

（8）励磁电流

励磁电流是指在额定励磁电压下,励磁绕组中所流通的电流大小。单位用 A 表示。

（9）定额

定额是指电动机的工作方式或工作制,是表示电动机允许连续使用时间长短的规定。一般分为连续定额、短时定额、断续定额。

（10）绝缘等级

绝缘等级是指直流电动机制造时所用绝缘材料的耐热等级。一般分为 A、E、B、F、H 级。

绝缘的温度等级	A 级	E 级	B 级	F 级	H 级
最高允许温度（℃）	105	120	130	155	180
绕组温升限值（K）	60	75	80	100	125
性能参考温度（℃）	80	95	100	120	145

（11）额定温升

额定温升是指电动机在额定工作情况下运行时,定子绕组的温度高出环境温度的数值。

二、决策计划

确定工作组织方式,划分工作阶段,分配工作任务,讨论安装调试工艺流程和工作计划,填写工作计划表和材料工具清单表,分别见表 1.1 和表 1.2。

表 1.1 工作计划表

项目一/任务一		认识直流电动机		学 时:	
组长		组员			
序号	工作内容	人员分工	预计完成时间	实际工作情况记录	
1	明确任务				
2	制订计划				
3	任务准备				
4	实施装调				
5	检查评估				
6	工作小结				

表 1.2 材料工具清单

工具					
仪表					
器材					
元件	名称	代号	型 号	规 格	数 量

认识直流电动机流程：

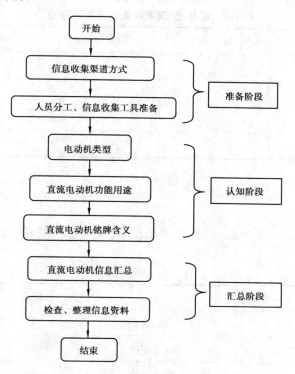

三、组织实施

确定信息收集渠道方式	身边事物、书籍、网络
信息收集工具的准备	准备好纸、笔、相关书籍、电脑等能上网设备
直流电动机功用的确认	参见本书相应内容
直流电动机型号的认识	参见本书相应内容
直流电动机铭牌的认识	参见本书相应内容
认识直流电动机资料汇总与整理	形成报告

（一）信息收集准备

在认识直流电动机前，应准备好信息收集渠道的工具和设备，并做好记录的准备工作。

①工具：笔、纸或记录本。

②设备：相关书籍、电脑或能上网设备。

（二）认识直流电动机步骤

①确认直流电动机的功能与用途。

直流电动机的用途主要分为日常生活用和工业用两大类，进行收集信息。

②认识直流电动机型号，写出型号含义。

③认识直流电动机铭牌，写出数据含义。

④小组要检查资料的正确性并汇总、整理所收集的信息资料填入表1.3中。

表1.3 汇总、整理所收集的信息资料

序号	直流电机型号	铭牌及含义	功能与用途	收集渠道
1				
2				
3				
⋮				

四、检查评估

该项目检查主要包括4个方面：信息收集渠道、直流电动机功用、型号、铭牌。检查表格1.4。

表1.4 检查表

考核项目		配分	扣分	得分
信息收集渠道	科学合理	30		
直流电动机功用	叙述正确	10		
直流电动机型号	含义正确	30		
直流电动机铭牌	数据含义正确	30		
合　计				

【知识拓展】

电动机的分类：

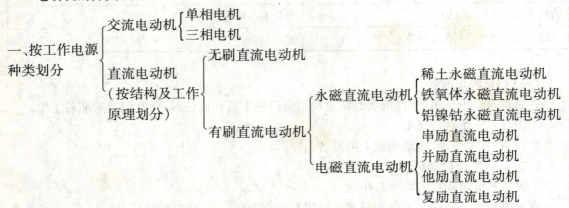

6

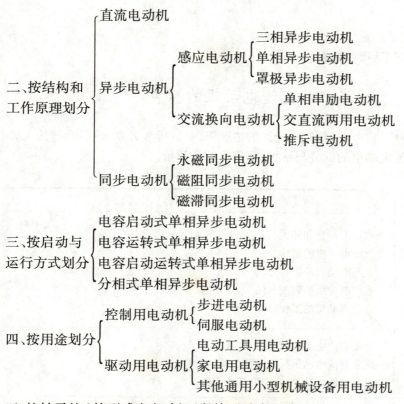

二、按结构和
工作原理划分
- 直流电动机
- 异步电动机
  - 感应电动机
    - 三相异步电动机
    - 单相异步电动机
    - 罩极异步电动机
  - 交流换向电动机
    - 单相串励电动机
    - 交直流两用电动机
    - 推斥电动机
- 同步电动机
  - 永磁同步电动机
  - 磁阻同步电动机
  - 磁滞同步电动机

三、按启动与
运行方式划分
- 电容启动式单相异步电动机
- 电容运转式单相异步电动机
- 电容启动运转式单相异步电动机
- 分相式单相异步电动机

四、按用途划分
- 控制用电动机
  - 步进电动机
  - 伺服电动机
- 驱动用电动机
  - 电动工具用电动机
  - 家电用电动机
  - 其他通用小型机械设备用电动机

五、按转子的
结构划分
- 笼型感应电动机(鼠笼型异步电动机)
- 绕线转子感应电动机(绕线型异步电动机)

异步电动机的转子转速总是略低于旋转磁场的同步转速。

同步电动机的转子转速与负载大小无关而始终保持为同步转速。

【任务小结】

①直流电机按结果主要分为直流电动机和直流发电机;按类型主要分为直流有刷电机和直流无刷电机。

②国产电机型号一般采用大写的英文的汉语拼音字母的阿拉伯数字表示进行命名。

③直流电动机铭牌上的数据是额定值,作为选择和使用直流电动机的依据。

【思考与练习】

一、填空题

1. 直流电机是_____和_____相互转换的_____电机之一,应用电磁感应原理进行能量转换。将机械能转变为直流电能的电机称为_____;将直流_____转变为机械能的电机称为直流电动机。

2. 直流电动机按类型主要分为直流_____电机和直流_____电机;按励磁方式的不同,直流电机可分为_____、_____、_____和_____4种类型。

3. 直流电动机型号包含电机的系列、_____、_____、_____、极数等。

二、问答题

1. 直流电动机的优缺点是什么？
2. 直流电动机铭牌包括哪些数据？

任务二 直流电动机的拆装

熟悉直流电动机结构，在考虑经济、安全性的情况下，制订拆装计划，选择合适的工具和仪器，与他人合作进行直流电动机的拆装与维护，并进行综合评价。

【工作过程】

工作步骤		工作内容
收集信息	资信	获取以下信息和知识： 　直流电动机的结构 　直流电动机的拆卸方法 　直流电动机的装配方法 　直流电动机的工作原理
决策计划	决策	确定直流电动机的数量、型号 确定直流电动机拆装专业工具 确定直流电动机的拆卸、装配步骤
	计划	根据直流电动机结构编制拆装计划 填写直流电动机拆装所需组件、材料和工具清单
组织实施	实施	拆装前，对直流电动机各组件进行检验 根据拆装步骤，完成直流电动机的拆装与维护
检查评估	检查	直流电动机各部件安装位置是否正确，是否符合安装工艺标准 各部件是否完好 直流电动机拆装后运行是否正常
	评估	直流电动机拆卸、装配各工序的实施情况 直流电动机装配成果运行情况 团队精神 工作反思

一、收集信息

（一）直流电动机的结构

如图 1.4 所示，直流电动机是由静止的定子部分和转动的转子部分构成的，定子与转子之间存在着有一定大小的间隙，称为气隙。

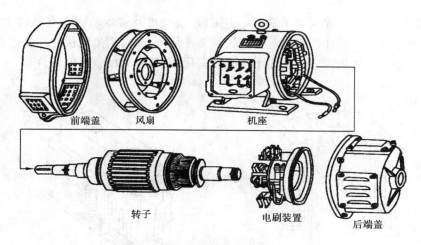

图1.4　直流电动机主要部件图

直流电动机结构如图1.5所示,其剖面结构如图1.6所示。

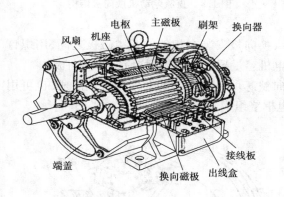

图1.5　小型直流电动机的结构

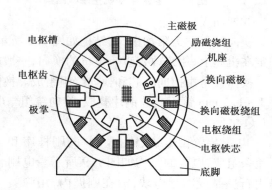

图1.6　小型直流电动机的剖面结构

(1)定子

定子是电动机的磁路部分,支撑整个电机,主要由主磁极、机座、换向极、电刷装置、端盖和轴承组成。

①主磁极。

主磁极的作用是产生恒定、有一定的空间分布形状的气隙磁通密度。主磁极由主铁芯和放置在铁芯上的励磁绕组构成,铁芯分成极身和极靴,极靴的作用是使气隙磁通密度的空间分布均匀并减小气隙磁阻,同时极靴对励磁绕组也起支撑作用。为减小涡流损耗,主磁极铁芯是用厚1.0~1.5 mm的低碳钢板冲成一定形状,用铆钉把冲片铆紧,然后再固定在机座上。主磁极上的线圈是用来产生主磁通的,称为励磁绕组,如图1.7所示。

当给励磁绕组通入直流电时,各主磁极均产生一定极性,相邻两主磁极的极性是 N、S 交替出现的。

②机座。

机座是电动机的机械支撑,有整体机座和叠片机座两种形式。整体机座是用铸钢材料制

9

成,也是主磁路的一部分,成为定子铁轭。主磁极、换向极及端盖均固定在机座上。一般直流电机均采用整体机座。叠片机座的定子铁轭和机座是分开的,用薄钢板冲片叠压成定子铁轭,再固定在机座里。叠片机座主要适用于主磁通变化快,调速范围较高的场合。

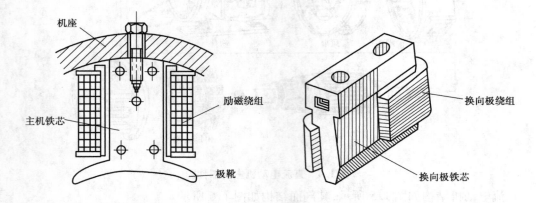

图 1.7　直流电动机主磁极结构　　　　图 1.8　直流电动机换向极结构

③换向极。

换向极又称为附加极,其结构如图 1.8 所示,换向极安装在相邻的两主磁极之间,用螺钉固定在机座上,用来改善直流电机的换向,一般电机容量超过 1 kW 时均应安装换向极。

换向极是由换向铁芯和换向绕组组成。换向铁芯可根据换向要求用整块钢制成,也可用厚 1 ~ 1.5 mm 钢板或硅钢片叠成,换向绕组与电枢绕组串联。

④电刷。

电刷装置由电刷、刷握、刷杆、刷杆座和汇流条组成,电刷的结构如图 1.9 所示。电刷是用石墨制成的导电块,放在刷握内,用弹簧将它压在换向器的表面上。刷握用螺钉夹紧在刷杆上,刷杆装在一个可以转动的刷杆座上,成为一个整体部件。刷杆与刷杆座之间是绝缘的,以免正、负电刷短路。

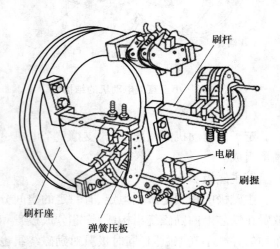

⑤端盖。

端盖固定在机座上起支撑作用。

(2)转子部分

转子又称电枢,是电机的转动部分,由电枢铁芯、换向器、转轴、电枢绕组、轴承和风扇组成。

图 1.9　电刷的结构

①电枢铁芯。

电枢铁芯是电动机磁路的一部分。用厚 0.35 ~ 0.5 mm 的硅钢片叠成,叠片两面涂有绝缘漆。铁芯叠片沿轴向叠装,中小型电机的电枢铁芯通常直接压装在轴上;在大型电机中,由于转子直径较大,电枢铁芯压装在套于轴上的转子支架上。

电枢铁芯冲片上冲有放置电枢绕组的电枢槽、轴孔和通风孔。如图 1.10 所示为小型直流电机的电枢铁芯装配图和电枢冲片形状。

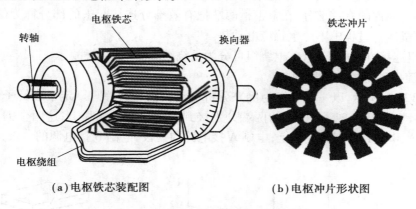

（a）电枢铁芯装配图　　　　　　　（b）电枢冲片形状图

图 1.10　小型直流电动机电枢铁芯

②换向器。

换向器又称为整流子，对于发电机，换向器的作用是把电枢绕组中的交变电动势转变为直流电动势向外部输出直流电压，对于电动机，它是把外界供给的直流电流转变为绕组中的交变电流以使电机旋转。换向器结构如图 1.11 所示。换向器是由换向片组合而成，是直流电机的关键部件，也是最薄弱的部分。

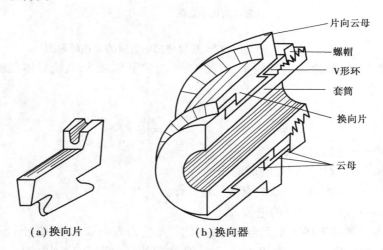

（a）换向片　　　　　　　　（b）换向器

图 1.11　换向器结构图

换向器采用导电性能好、硬度大、耐磨性能好的紫铜或铜合金制成。换向片的底部做成燕尾形状，换向片的燕尾部分嵌在含有云母绝缘的 V 形钢环内，拼成圆筒形套入钢套筒上，相邻的两换向片间以 0.6～1.2 mm 的云母片作为绝缘，最后用螺旋压圈压紧，将换向器固定在转轴的一端。换向片靠近电枢绕组一端的部分与绕组引出线相焊接。

③转轴。

转轴由具有一定机械强度和刚度圆钢加工而成，支撑转子旋转。

④电枢绕组。

电枢绕组是由电磁线绕制而成线圈，嵌放在电枢铁芯槽内。每一个线圈称为一个元件，多个元件有规律地连接起来形成电枢绕组。嵌放在铁芯槽内的直线部分在电机运转时将产生感应电动势,称为元件的有效部分;在电枢槽两端把有效部分连接起来的部分称为端部,仅起连接作用,在电机运行过程中不产生感应电动势。

根据绕组连接方式的不同,电枢绕组可分为叠绕组和波绕组两种。

(二)直流电动机的工作原理

如图 1.12(a)所示,以一对磁极为例来分析电动机的工作原理。定子和转子铁芯间产生恒定磁场,转动的线圈(转子)abcd 的两端分别接到两个半圆形铜片上,这两个铜片称为换向片。把电刷 A、B 接到一直流电源上,电刷 A 接电源的正极,电刷 B 接电源的负极,电枢线圈中将有电流流过。

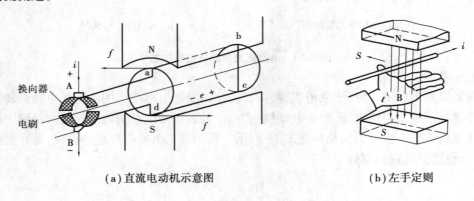

(a)直流电动机示意图　　　　　　(b)左手定则

图 1.12　直流他励电动机的工作原理图

设线圈的 ab 边位于 N 极下,线圈的 cd 边位于 S 极下,载流导体在磁场中受到电磁力的作用,其大小为

$$F = B_X LI$$

式中　F——电磁力,N;

　　　B_X——导体所在处的磁通密度,Wb/m^2;

　　　L——导体 ab 或 cd 的有效长度,m;

　　　I——导体中流过的电流,A。

通电导体在磁场中受到电磁力的作用,其受力方向如图 1.12(b)所示的左手定则。当一个换向片经电刷 A 接到电源正极,另一个换向片经电刷 B 接到电源负极时,电流从电刷 A 经一个换向片流入电枢的线圈,然后经另一个换向片从电刷 B 流出,线圈 abcd 就成为一载流线圈,它在磁场中必然受到电磁力的作用。导体所受电磁力对轴产生一转矩,这种由于电磁作用产生的转矩称为电磁转矩,电磁转矩的方向为逆时针方向。当电磁转矩大于阻力矩时,线圈按逆时针方向变为从右向左;而原位于 N 极下的导体 ab 转到 S 极下,导体 ab 受力方向变为从左向右,该转矩的方向仍为逆时针方向,线圈在此转矩作用下继续按逆时针方向旋转。这样虽然导体中流通的电流为交变的,但 N 极下的导体受力方向和 S 极下导体受力的方向并未发生变化,电动机在此方向不变的转矩作用下转动。

二、决策计划

确定工作组织方式,划分工作阶段,分配工作任务,讨论直流电动机拆卸、装配、维护的工作流程和工作计划,填写工作计划表和材料工具清单,分别见表 1.5 和表 1.6

表 1.5 工作计划表

项目一/任务二		直流电动机的拆装		学时:	
组长		组员			
序号	工作内容	人员分工	预计完成时间	实际工作情况记录	
1	明确任务				
2	制订计划				
3	任务准备				
4	实施装调				
5	检查评估				
6	工作小结				

表 1.6 材料工具清单

工具					
仪表					
器材					
元件	名 称	代 号	型 号	规 格	数 量

拆装调试直流电动机工艺流程:

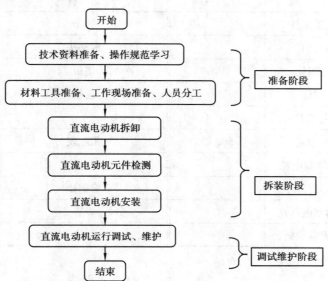

三、组织实施

拆装、调试维护过程中必须遵守哪些规定/规则	国家相应规范和政策法规、企业内部规定
拆装、调试维护前,应做哪些准备	在拆装、调试维护前,应准备好拆装、调试维护用的工具、材料和设备,并做好工作现场和技术资料的准备工作
在拆装直流电动机时都应注意哪些事项?	参见本书相应内容
在直流电动机控制线路安装时,步骤和方法是什么? 导线是否符合规程	参见本书相应内容
在调试和维护时,应注意哪些事项	参见本书相应内容
直流电动机出现故障时,如何进行检修	参见本书相应内容
在拆装、调试维护过程中,采用何种措施减少材料的损耗	分析工作过程,查找相关资料

(一)拆装、调试准备

在拆卸、装配、调试和维护前,应准备好所用工具、材料和设备,并做好工作现场和技术资料的准备工作。

1. 器材设施(见表1.7)

表 1.7

名　称		型　号	名　称	型　号
工具	常用工具 电工工具		锤子	
	套筒		木榔头	
	专用工具 拉具	3 爪	垫板	
	喷灯		扁錾	
	电工刀			
仪表	万用表	500 型	兆欧表	500 V
器材	6 V 直流电源		干电池	
	6 V 校验灯		紫铜棒	
	大功率电烙铁		焊锡	
设施	直流电动机			

2. 工作现场

工作现场空间充足,方便进行拆装、调试和维护,工具、材料等准备到位。

3. 技术资料

技术资料包括以下内容：

①直流电动机结构图、电气原理图等；

②相关组件的技术资料；

③重要组件拆装、调试、检修作业指导书；

④工作计划表、材料工具清单表。

（二）直流电动机的拆卸与装配

1. 直流电动机的拆装步骤

①拆除电动机外部连接导线，并做好线头对应连接标记。

②用利器或用油漆等在端盖与机座接口处作好明显的标记（不能用粉笔做标记）。

③如有联轴器的电动机，要做好电动机轴伸端与联轴器上的尺寸标记，再用拉具拉下联轴器。

④拆卸时应先拆除电动机接线盒内的连接线，然后拆下换向器端盖（后端盖）上通风窗的螺栓，打开通风窗，从刷握中取出电刷，拆下接到刷杆上的连接线；拆下换向器端盖的螺栓、轴承盖螺栓，并取下轴承外盖；拆卸换向器端盖。拆卸时在端盖下方垫上木板等软材料，以免端盖落下时碰裂，用手锤通过铜棒沿端盖四周边缘均匀地敲击；拆下轴伸端端盖（前端盖）的螺栓，把连同端盖的电枢从定子内小心地抽出来，注意不要碰伤电枢绕组、换向器及磁极绕组。并用厚纸或布将换向器包好，用绳子扎紧；拆下前端盖上的轴承盖螺栓，并取下轴承外盖；将连同前端盖在内的电枢放在木架上或木板上，并用纸或布包好。轴承一般只在损坏需要更换时方可取出，如无特殊原因，不必拆卸。

⑤清除电动机内部的灰尘和杂物，如轴承润滑油已脏，则需更换润滑油。

⑥测量电动机各绕组的对地绝缘电阻。

⑦重新装配好电动机。

⑧按所做标记校正电刷的位置。

2. 拆卸轴承常用的方法

①用拉具拆卸。可根据轴承的大小，选择适用拉具，拉具的脚爪应紧扣在轴承的内圈上。

②用铜棒拆卸。在轴承的内圈上垫上铜棒，用手锤向轴外方向敲打铜棒，将轴承推出。敲打时要在轴承内圈四周上对称的两侧轮流敲打，不可只敲一面或用力过猛。

③搁在圆筒上拆卸。在轴承的内圆下面用两块铁板夹住，搁在一只内径略大于转子外径的圆筒上，在轴的端面上垫上铜块，用手锤敲打，着力点对准轴的中心，圆筒内放一些棉纱头，防止轴承脱下时转子和转轴被摔坏。当敲到轴承逐渐松动时，用力要减弱。

④加热拆卸。若因轴承装配过紧或轴承氧化，不易拆卸时，可用 100 ℃ 左右的机油浇在轴承内圈上，趁热用上述方法拆卸，可用布包好转轴，防止热量扩散。

⑤轴承在端盖内的拆卸。在拆卸电动机时，若遇到轴承留在端盖的轴孔内时，把端盖孔口面朝上，平稳地搁在两块铁板上，垫上一段直径小于轴承外径的金属棒，沿轴承的外圈（敲打金属棒）敲打，将轴承敲出。

⑥抽出或吊出转子。小型电动机转子可连同后端盖一起取出，抽出转子时应小心缓慢，不能歪斜，防止碰伤定子绕组。对于大、中型电动机其转子较重，要用起重设备将转子吊出。用

钢丝绳套住转子两端轴颈,轴颈受力处要衬垫纸板或棉纱、棉布,当转子重心已移出定子时,立即在定子和转子间隙内塞入纸板垫衬,并在转子移出的轴端垫一支架或木块架住转子,然后将钢丝绳改吊为转子体(不要将钢丝绳吊在铁芯风道里,同时在钢绳与转子之间衬垫纸板)慢慢将转子吊出。

3. 直流电动机的装配

直流电动机的装配顺序按拆卸时的逆顺序进行。装配前,各配合处要先清理除锈,装配时应按各部件拆卸时所做标记复位。

(1)滚动轴承的安装

①冷套法。把轴承套到轴上,对准轴颈,用一段内径略大于轴径而外径略小于轴承内圈的铁管,将其一端顶在轴承的内圈上,用手锤敲打铁管的另一端,将轴承推进去。有条件的可用压床压入法。

②热套法。把轴承置于 80～100 ℃的变压器油中加热 30～40 min。加热时轴承要放在浸于油内的网架上,不与箱底或箱壁接触。为防止轴承退火,加热要均匀,温度和时间不宜超过要求。热套时,要趁热迅速把轴承一直推到轴颈。如套不进,应检查原因,若无外因,可用套筒顶住轴承内圈,用手锤轻敲入,并用棉布擦净。

③注润滑脂。已装的轴承要加注润滑脂于其内外套之间。塞装要均匀洁净,不要塞装过满。轴承内外盖中也要注润滑脂,一般使其占盖内容积的 1/3～1/2。

(2)后端盖的安装

将轴伸端朝下垂直放置,在其端面上垫付上木板,将后端盖套在后轴承上,用木锤敲打,把后端盖敲进去后,装轴承外盖,紧固内外轴承盖的螺栓时要逐步拧紧,不能先紧一个,再紧另一个。

(3)转子的安装

把转子对准定子孔中心,小心地往里送放,后端盖要对准机座的标记,旋上后端盖螺栓,暂不要拧紧。

(4)前端盖的安装

将前端盖对准与机座的标记,用木锤均匀敲击端盖四周,不可单边着力,并拧上端盖的紧固螺栓。拧紧前后端盖的螺栓时,要按对角线上下左右逐步拧紧,使四周均匀受力。否则,易造成断裂或转子的同心度不良等。然后再装前轴承外端盖,先在外轴承盖孔内插入一根螺栓,一手顶住螺栓,另一手缓慢转动转轴,轴承内盖也随之转动,当手感觉到轴承内外盖螺孔对齐时,就可以将螺栓拧入内轴承盖的螺孔内,再装另外几根螺栓。紧固时,也要逐步均匀拧紧。

(5)风扇和风扇罩的安装

先安装风扇叶,对准键槽或止紧螺钉孔,一般可推入或轻轻敲入,然后按机体标记,推入风扇罩,转动机轴,风扇罩和风扇叶无摩擦,拧紧螺钉。

(6)皮带轮的安装

安装时要对准键槽或止紧螺钉孔。中小型电动机可在皮带轮的端面上垫上木块或铜板,用手锤打入。若打入困难,可将轴的另一端也垫上木块或铜板顶在坚固的止挡物上,打入皮带轮。安装大型电动机的皮带轮(或联轴器),可用千斤顶将皮带轮顶入,但要用坚固的止挡物顶住机轴另一端和千斤顶底座。

（三）直流电动机的常见故障及检修

直流电动机的常见故障及检修见表1.8。

表1.8 直流电动机的常见故障及检修

故障现象	故障原因分析	故障排除与检修
电动机启动困难,加额定负载后,转速较低	①电源电压较低 ②原为角接误接成星接 ③鼠笼型转子的笼条端脱焊,松动或断裂	①提高电压 ②检查铭牌接线方法,改正定子绕组接线方式 ③进行检查后并对症处理
绝缘电阻低	①绕组受潮或淋水滴入电动机内部 ②绕组上有粉尘、油污 ③定子绕组绝缘老化	①将定子、转子绕组加热烘干处理 ②用汽油擦洗绕组端部烘干 ③检查并恢复引出线绝缘或更换接线盒绝缘线板 ④一般情况下需要更换全部绕组
电动机启动后发热超过温升标准或冒烟	①电源电压过低,电动机在额定负载下造成温升过高 ②电动机通风不良或环境湿度过高 ③电动机启动频繁或正反转次数过多 ④定子和转子相擦	①测量空载和负载电压 ②检查电动机风扇及清理通风道,加强通风降低环温 ③减少电动机正反转次数,或更换适应于频繁启动及正反转的电动机 ④检查后对症处理
电动机外壳带电	①电动机引出线的绝缘或接线盒绝缘线板 ②绕组端部碰机壳 ③电动机外壳没有可靠接地	①恢复电动机引出线的绝缘或更换接线盒绝缘板 ②如卸下端盖后接地现象即消失,可在绕组端部加绝缘后再装端盖 ③按接地要求将电动机外壳进行可靠接地
电动机振动	①电动机安装基础不平 ②电动机转子不平衡 ③皮带轮或联轴器不平衡 ④转轴轴头弯曲或皮带轮偏心 ⑤电动机风扇不平衡	①将电动机底座垫平,电机找水平后固牢 ②转子校静平衡或动平衡 ③进行皮带轮或联轴器校平衡 ④校直转轴,将皮带轮找正后镶套重车 ⑤对风扇校静

四、检查评估

该任务的检查主要包括拆卸电机、装配电机、检修故障及安全与文明生产4个方面,检查表格见表1.9。

表 1.9　检查表

考核项目			配分	扣分	得分
安全与文明生产	违反以下安全操作要求	电源电压不清楚； 带电操作； 严重违反安全文明生产规程	0	100	
	安全与环保意识	操作中掉工具、摔件、掉线	5		
拆卸电机		拆卸步骤方法	8		
		拆卸零部件是否损伤	7		
		拆卸绕组或换向器是否有损	5		
装配电机		装配方法	8		
		螺栓是否拧紧	4		
		转子转动是否灵活	6		
		接线正确	6		
		电刷位置是否在中性线上	6		
检修故障		控制电路接线正确	15		
		仪表使用方法正确	10		
		损坏仪表	0	45	
		检查方法正确	10		
		故障判断正确	10		
合　计			100		

【知识拓展】

(一)他励直流电动机的启动控制

1.降低电源电压启动(见图 1.13)

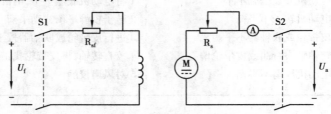

图 1.13　直流电动机降压启动原理图

　　电动机的启动是指电动机接通电源后,由静止状态加速到稳定运行状态的过程。电动机在启动瞬间($n=0$)的电磁转矩称为启动转矩 T_{st},启动瞬间的电枢电流称为启动电流 I_{st}。启动转矩为

$$T_{st} = C_T \Phi I_{st}$$

如果他励直流电动机在额定电压下直接启动，启动瞬间 $n=0$，$E_a=0$，故启动电流为

$$I_{st} = \frac{U_N}{R_a}$$

因为电枢电阻 R_a 很小，所以，直接启动电流将达到很大的数值，通常可达到 $(10\sim20)I_N$。过大的启动电流会引起电网电压下降，影响电网上其他用户；使电动机的换向严重恶化，甚至会烧坏电动机；同时过大的冲击转矩会损坏电枢绕组和传动机构。因此，除了个别容量很小的电动机外，一般直流电动机是不允许直接启动。

对直流电动机的启动，一般有以下要求：

①要有足够大的启动转矩。

②启动电流要限制在一定范围内。

③启动设备要简单、可靠。

为了限制启动电流，他励直流电动机通常采用电枢回路串电阻启动或降低电枢电压启动。无论采用哪种启动方法，启动时都应保证电动机的磁通达到最大值。这是因为在同样的电流下，Φ 大则 T_{st} 大；而在同样的转矩下，Φ 大则 I_{st} 可以小一些。

当直流电源电压可调时，可采用降压启动。启动时，以较低的电源电压启动电动机，启动电流便随电压的降低而正比减小。随着电动机转速的上升，反电动势逐渐增大，再逐渐提高电源电压，使启动电流和启动转矩保持在一定的数值上，从而保证电动机按需要的加速度升速。

降压启动虽然需要专用电源，设备投资较大，但它启动平稳，启动过程中能量损耗小，因而得到了广泛的应用。

2. 电枢回路串电阻启动

电动机启动前，应使励磁回路电阻为零，此时励磁电流 I_f 最大，磁通 Φ 最大。电枢回路串接启动电阻 R_{st}，在额定电压下的启动电流为

$$I_{st} = \frac{U_N}{R_a + R_{st}}$$

式中，R_{st} 值应使 I_{st} 不大于允许值。对于普通电动机，一般要求 $I_{st} \leqslant (1.5\sim2)I_N$。

在启动电流产生的启动转矩作用下，电动机开始转动并逐渐加速，随着转速的升高，电枢电动势（反电动势）E_a 逐渐增大，使电枢电流逐渐减小，转速上升逐渐缓慢下来。为了缩短启动时间，保持电动机在启动过程中的加速不变，就要求在启动过程中电枢电流维持不变，因此随着电动机转速的升高，应将启动电阻平滑地切除，最后使电动机转速达到运行值。如图1.14所示是采用二级电阻启动时电动机的电路原理图及其机械特性。

（二）直流电动机调速

1. 调速指标

电动机调速方法有机械调速、电气调速、机械—电气调速3种方法。这里只介绍他励直流电动机电气调速。

改变电动机参数是指人为的改变电动机的机械特性，从而使负载工作点发生变化，转速随之变化。可见，在调速前后，电动机必然运行在不同的机械特性上。如果机械特性不变，因负载变化而引起电动机转速的改变，不能为电动机的调速。

根据他励直流电动机转速公式

$$n = \frac{U - I_s(R_a + R_s)}{C_a \Phi}$$

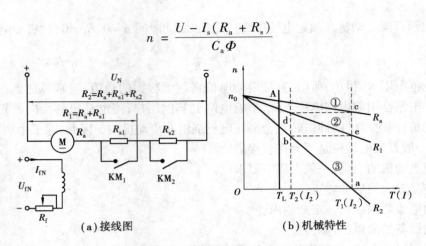

（a）接线图　　　　　　　　（b）机械特性

图 1.14　他励直流电动机二级电阻启动

可知,他励直流电动机具有 3 种调速方法:调压调速、电枢串电阻调速及调磁调速。

直流电动机调速指标有技术指标和经济指标两种。技术指标有调速范围、静差率、平滑性。

（1）调速范围

调速范围是指电动机在额定负载下运行的最高转速 n_{max} 与最低转速 n_{min} 之比,用 D 表示,即

$$D = \frac{n_{max}}{n_{min}}$$

不同的生产机械对电动机的调速范围有不同的要求。要扩大调速范围,必须尽可能地提高电动机的最高转速和降低电动机的最低转速。电动机的最高转速受电动机的机械强度、换向条件、电压等级等方面的限制,而最低转速则受到低速运行时转速的相对稳定性的限制。

（2）静差率（相对稳定性）

转速静差率是指负载变化时,转速变化的程度。转速变化小,其稳定性好。当电动机在某一机械特性上运行时,由理想空载增加到额定负载,电动机的转速降落 $\Delta n_N = n_0 - n_N$ 与理想空载转速 n_0 之比,称为静差率,用百分数表示为

$$s = \frac{n_0 - n_N}{n_N} \times 100\%$$

显然,电动机的机械特性越硬,其静差率越小,转速稳定性就越高。但是静差率的大小不仅仅是由机械特性的硬度决定的,还与理想空载转速的大小有关。

静差率与调速范围两个指标是相互制约的,设图 1.15 中曲线 1 和曲线 4 为电动机最高转速和最低转速时的机械特性,则电动机的范围 D 与最低转速和静差率 δ 关系如下:

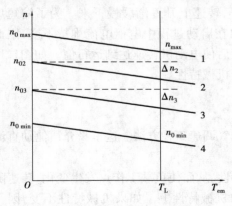

图 1.15　不同机械特性的静差率

$$D = \frac{n_{max}}{n_{min}} = \frac{n_{max}}{n_{0min} - \Delta n_N} = \frac{n_{max}s}{\Delta n_N(1 - s)}$$

式中　Δn_N——最低转速机械特性上的转速降；

　　　s——最低转速时的静差率,即系统的最大静差率。

由上式可知,若对静差率这一指标要求过高,s 值越小,则调速范围 D 就越小;反之,若要求调速范围 D 越大,则静差率 s 就越大,转速的相对稳定性越差。

不同的生产机械,对静差率的要求不同,普通车床要求 $s \le 30\%$,而高精度的造纸机则要求 $s \le 0.01\%$。保证一定静差率指标的前提下,要扩大调速范围,就必须减小转速降落 Δn_N。

（3）调速的平滑性

在一定的调速范围内,调速的级数越多,就认为调速越平滑,相邻两级转速之比称为平滑系数 k

$$k = \frac{n_i}{n_i - 1}$$

k 值越接近 1,则平滑性越好,当 $k = 1$ 时,称为无级调速,即转速可以连续调节。调速不连续时,级数有限,称为有级调速。

（4）调速的经济性

主要指调速设备的投资、运行效率及维修费用等。

2.直流电动机的调速方法

（1）变电枢电压调速

降低电源电压调速的原理及调速过程如图 1.16 所示。

由图 1.16 可知,$U \downarrow \to n$ 不变,工作点平移到 A' 点 $\to n \downarrow \to n_1(B)$ 稳定运行

降压调速的优点如下：

①电源电压能够平衡调节,可以实现无级调速。

②调速前后机械特性的斜率不变,硬度较高,负载变化时,速度稳定性好。

③无论轻载还是重载,调速范围相同,一般可达 $D = 2.5 \sim 12$。

④电能损耗较小。

降压调速的缺点:需要一套电压可连续调节的直流电源。

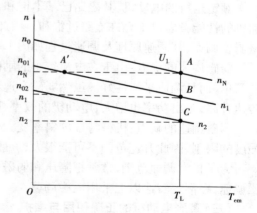

图 1.16　降低电压调速

（2）电枢回路串电阻调速

电枢回路串电阻调速的原理及调速过程如图 1.17 所示。设电动机拖动恒转矩负载 T_L 在固有特性上 A 点运行,其转速为 n_N。若电枢回路串入电阻 R_{s1},则达到新的稳态后,工作点变为人为特性上的 B 点,转速下降到 n_1。从图 1.18 中可知,串入的电阻值越大,稳态转速就越低。

电枢串电阻调速的优点是:设备简单,操作方便。

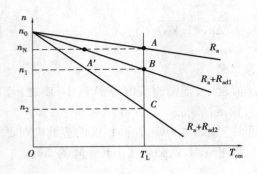

图 1.17　电枢串电阻调速　　　　　　图 1.18　减弱磁通调速

电枢串电阻调速的缺点是：

①由于电阻只能分段调节，所以调速的平滑性差。

②低速是特性曲线斜率大，静差率大，所以转速的相对稳定性差。

③轻载时调速范围小，额定负载时调速范围一般为 $D \leqslant 2$。

④如果负载转矩保持不变，则调速前和调速后因磁通不变而使电动机的 T_{em} 和 I_a 不变，输入功率（$P_1 = U_N I_a$）也不变，但输出功率（$P_2 \propto T_L n$）却随转速的下降而减小，减小的部分被串联的电阻消耗掉了，所以损耗较大，效率较低。而且转速越低，所串电阻越大，损耗越大，效率越低，因此，这种调速方法是不太经济的。故电枢串电阻调速多用于对调速性能要求不高的生产机械上，如起重机、电车等。

（3）减弱磁通调速

额定运行的电动机，其磁路已基本饱和，即使励磁电流增加很多，磁通也无明显变化，从电动机的性能考虑也不允许磁路过饱和。因此，改变磁通只能从额定值往下调，调节磁通调速即是弱磁调速，其调速原理及调速过程如图 1.18 所示。

弱磁调速的优点：由于在电流较小的励磁回路中进行调节，因而控制方便，能量损耗小，设备简单，而且调速平滑性好。虽然弱磁升速后电枢电流增大，电动机的输入功率增大，但由于转速升高，输出功率也增大，电动机的效率基本不变，因此弱磁调速的经济性比较好。

弱磁调速的缺点：机械特性的斜率变大，特性变软；转速的升高受到电机换向能力和机械强度的限制，因此升速范围不可能很大，一般 $D \leqslant 2$。

为了扩大调速范围，常常把降压和弱磁两种调速方法结合起来。在额定转速以下采用降压调速，在额定转速以上采用弱磁调速。

（三）直流电动机的正确使用与维护

1. 直流电动机使用前的检查

①用压缩空气或手动吹风机吹净电动机内部灰尘、电刷粉末等，清除污垢杂物。

②拆除与电动机连接的一切接线，用绝缘电阻表测量绕组对机座的绝缘电阻。若小于 0.5 MΩ 时，应进行烘干处理，测量合格后再将拆除的接线恢复。

③检查换向器的表面是否光洁，如发现有机械损伤或火花灼痕应进行必要的处理。

④检查电刷是否严重损坏，刷架的压力是否适当，刷架位置是否位于标记的位置。

⑤根据电动机铭牌检查直流电动机各绕组之间的接线方式是否正确，电动机额定电压与电源电压是否相符，电动机的启动设备是否符合要求，是否完好无损。

2. 直流电动机的使用

①直流电动机在直接启动时因启动电流较大,这将对电源及电动机本身带来极大的影响。因此,除功率很小的直流电动机可以直接启动外,一般的直流电动机都要采取减压措施来限制启动电流。

②当直流电动机采用减压启动时,要掌握好启动过程所需的时间,不能启动过快,也不能过慢,并确保启动电流不能过大(一般为额定电流的 1~2 倍)。

③在电动机启动时就应做好相应的停车准备,一旦出现意外情况时应立即切除电源,并查找故障原因。

④在直流电动机运行时,应观察电动机转速是否正常;有无噪声、振动等;有无冒烟或发出焦臭味等现象,如有应立即停机查找原因。

⑤注意观察直流电动机运行时电刷与换向器表面的火花情况。

在额定负载工况下,一般直流电动机只允许有不超过 1/2 级的火花。

⑥串励电动机在使用时,应注意不允许空载启动,不允许用带轮或链条传动;并励或他励电动机在使用时,应注意励磁回路绝对不允许开路,否则,都可能因电动机转速过高而导致严重后果的发生。

3. 直流电动机的维护

应保持直流电动机的清洁,尽量防止灰沙、雨水、油污、杂物等进入电动机内部。

①换向器的维护和保养

②电刷的使用

4. 直流电动机的保养

(1)清尘

用吹尘器(或压缩空气)吹去定子绕组中的积尘,并用抹布擦净转子体。检查定子和转子有无损伤。

(2)轴承清洗

将轴承和轴承盖先用煤油浸泡后,用油刷清洗干净,再用棉布擦净。

(3)轴承检查

检查轴承有无裂纹,再用手旋转轴承外套,观察其转动是否灵活、均匀。如发现轴承有卡住或过松现象,要用塞尺检查轴承的磨损情况。磨损情况如果超过允许值,应考虑更换新轴承。

(4)更换轴承

如更换新轴承,应将其放于 70~80 ℃ 的变压器油中加热 5 min 左右,待全部防锈脂熔去后,再用煤油清洗干净,并用棉布擦净待装。

(四)拆卸工具(见图 1.19)

拉具的使用,如图 1.20 所示。

①按图装好拉具(拉具螺杆中心线要对准电动机轴的中心线)。

②转动拉具的丝杠(掌握好转动的力度),把带轮或联轴器慢慢拉出(切忌硬拆)。

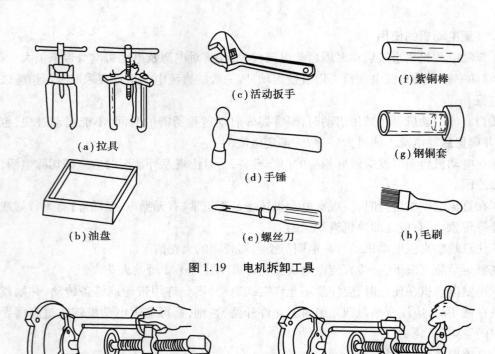

(a)拉具

(b)油盘

(c)活动扳手

(d)手锤

(e)螺丝刀

(f)紫铜棒

(g)钢铜套

(h)毛刷

图1.19　电机拆卸工具

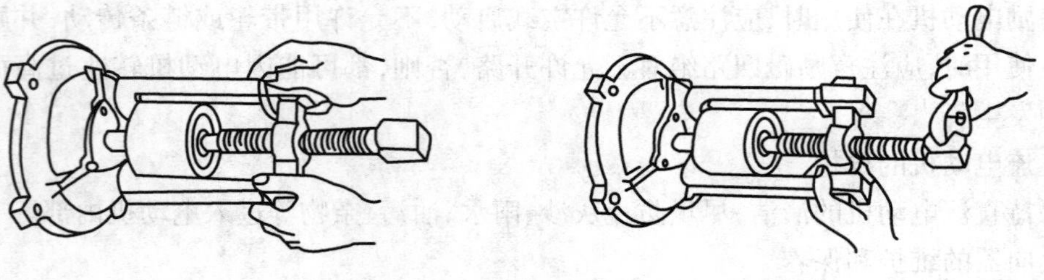

图1.20　拉具的使用

【任务小结】

①直流电动机是由静止的定子部分和转动的转子部分构成的,定子与转子之间存在着一定大小的间隙,称为气隙。

②定子的作用,在电磁方面会产生磁场和构成磁路,在机械方面是整个电机的支撑,定子主要由主磁极、机座、换向极、电刷装置、端盖和轴承组成。

③转子又称电枢,是电机的转动部分,其作用是感应电势和产生电磁转矩,从而实现能量的转换,转子由电枢铁芯、换向器、电机转轴、电枢绕组、轴承和风扇组成。

④直流电动机控制系统由被控制的负载、电动机和控制电路三要素组成。

⑤在拆卸、装配、调试和维护前,应准备好所用工具、材料和设备,并做好工作现场和技术资料的准备工作。

⑥直流电动机的拆装步骤如下:

a.拆除电动机外部连接导线,并做好线头对应连接标记。

b.用利器或用油漆等在端盖与机座接口处作好明显的标记(不能用粉笔做标记)。

c.如有联轴器的电动机,要做好电动机轴伸端与联轴器上的尺寸标记,再用拉具拉下联轴器。

d.拆卸。

e.清除电动机内部的灰尘和杂物,如轴承润滑油已脏,则需更换润滑油。

f.测量电动机各绕组的对地绝缘电阻。

g. 重新装配好电动机。

h. 按所做标记校正电刷的位置。

⑦直流电动机的装配。

直流电动机的装配顺序按拆卸时的逆顺序进行。装配前,各配合处要先清理除锈,装配时应按各部件拆卸时所做标记复位。

a. 滚动轴承的安装:冷套法、热套法、注润滑脂。

b. 后端盖的安装。

c. 转子的安装。

d. 前端盖的安装。

e. 风扇和风扇罩的安装。

f. 皮带轮的安装。

⑧直流电动机的常见故障及检修。

【思考与练习】

一、填空题

1. 直流电动机的正常火花,一般规定在额定负载时不应大于＿＿＿＿＿＿＿级。

2. 换向器表面应＿＿＿＿＿＿＿,不得有＿＿＿＿＿＿＿和＿＿＿＿＿＿＿。

二、判断题

1. 换向器一般用 0 号金刚砂纸进行研磨。　　　　　　　　　　　　　　　（　　　）

2. 换向片间有灼黑的痕迹,说明换向片所连接的绕组有断路故障。　　　　（　　　）

3. 电刷与刷握之间不能有间隙。　　　　　　　　　　　　　　　　　　　（　　　）

4. 换向器表面会产生深褐色的薄膜,要经常用砂纸将它研磨干净。　　　　（　　　）

三、选择题

1. 直流电动机的换向电流越大,换向时火花(　　　　)。

　　A. 越大　　　　　　B. 越小　　　　　　C. 不变

2. 换向器火花的正常状态是(　　　　)。

　　A. 点状　　　　　　B. 环状　　　　　　C. 舌状

3. 用毫伏表在电枢上转动一周,指针(　　　　),说明绕组无断路故障。

　　A. 左右摆动　　　　B. 不变　　　　　　C. 不摆动

四、简答题

1. 简述直流电动机的拆装步骤。

2. 直流电动机的维护有哪些?

项目二　三相异步电动机的拆装

【项目描述】

三相交流异步电动机是将交流电能转化为机械能的电力拖动装置。三相交流异步电动机具有结构简单、运行可靠、价格便宜、过载能力强及使用、安装、维护方便等优点,是各行各业应用最多的动力装置,广泛应用于工业、农业等各领域,如图2.1所示。

图2.1　三相异步电动机应用领域

如图2.2所示为三相交流异步电动的外形,电动机在使用过程中难免会发生各种各样的故障,为不影响生产,提高生产效率,就需对电动机进行定期维修保养和检修,要能顺利完成维修任务,就必须熟悉三相异步电动机的结构和性能。本项目主要任务是拆装三相异步电动机。三相异步电动机种类很多,本项目主要以鼠笼式三相异步电动机为例进行讲解。

图2.2　三相异步电动机

【项目要求】

知识:

➤ 能说出三相异步电动机分类及基本结构;

➤ 能根据铭牌数据解释三相异步电动机的额定参数;

➤ 能分析三相交流绕组的旋转磁场形成过程;总结归纳旋转磁场的转速公式,从而知晓电动机的转速公式;

➤ 能分析三相异步电动机的工作原理;

➤ 能从电动机转速公式中说出电动机的调速方法有几种;

➤ 能知晓定子绕组的结构、分类及特点。

技能：

➢ 能正确拆装三相异步电动机；

➢ 能正确识别三相异步电动机铭牌参数；

➢ 能正确绘制电动机绕组展开图；

➢ 能正确判别三相异步电动机绕组首尾端；

➢ 能根据定子绕组嵌套步骤，顺利完成嵌套工作；

➢ 能准确无误的判断电动机常见故障。

情感态度：

➢ 能积极参与各种教学实践活动，分享活动成果；

➢ 能以良好的学习态度、团结合作、协调完成教学活动；

➢ 能自觉遵守课堂纪律，维持课堂秩序；

➢ 具有较强的节能、安全、环保和质量意识。

任务一 拆装三相笼型异步电动机

根据三相笼型异步电机的结构特点，选用合适的工具，按照正确的拆装步骤，制订出可行的拆卸和安装计划，与他人合作共同完成电动机的拆装。

【工作过程】

工作步骤		工作内容
收集信息	资信	获取以下信息和知识： 三相异步笼型电动机的分类、结构、原理及主要性能指标 三相异步笼型电动机的拆装方法、要求及注意事项
决策计划	决策	确定电动机拆装工具、检测仪器的种类及型号 确定电动机的拆装工艺流程 确定电动机主要部件的拆装方法 确定电动机装配后的检查项目和检查方法
	计划	制订电动机拆装计划 填写电动机拆卸和装配所需要的工具、耗材和检查所需要的仪表等
组织实施	实施	拆卸前对电动机的端盖与机座接缝处做好标记 对接线盒内部接线顺序做好记录 根据正确的拆卸顺序选择合适的工具对电动机进行拆卸与安装 安装完成后对电动机进行检查，查看紧固件是否拧紧，转子转动是否灵活，绝缘电阻是否达到要求

续表

工作步骤		工作内容
检查评估	检查	电动机通电调试运行,检查机壳是否过热,声音是否异常等,三相电流是否平衡等
	评估	电动机的拆卸和安装计划是否合理 电动机拆装过程是否顺利并符合操作要求 检查工作是否到位,安装完成后电机的实际运行情况是否正常 拆装过程中的团队合作精神 工作反思

一、收集信息

(一)三相异步电动机的分类

1. 按转子结构形式分

可分为鼠笼式电动机和绕线式电动机。

2. 按防护形式分

可分为开启式(IP11)三相异步电动机、防护式三相异步电动机(IP22 及 IP23)、封闭式三相异步电动机(IP44)、防爆式三相异步电动机。

3. 按安装结构形式分

可分为卧式三相异步电动机、立式三相异步电动机、带底脚三相异步电动机、带凸缘三相异步电动机。

4. 按绝缘等级分

可分为 E 级、B 级、F 级、H 级等三相异步电动机。

5. 按通风冷却方式分

可分为自冷式三相异步电动机、自扇冷式三相异步电动机、他扇冷式三相异步电动机、管道通风式三相异步电动机。

6. 按电动机运行工作制分

可分为连续工作制、短时工作制、周期性工作制。

以下以三相鼠笼式异步电动机为例来学习电动机结构、铭牌、原理等相关知识。

(二)电动机的结构

如图 2.3 所示,笼式异步电动机主要由定子和转子两部分构成,定子包括定子铁芯、定子绕组、机座、出线盒、端盖等;转子包括转子铁芯、转子绕组、转轴等。

1. 定子

定子是电动机固定不动即静止部分。

(1)定子铁芯

如图 2.4 所示,定子铁芯一般由厚 0.35 ~ 0.5 mm 具有绝缘层的硅钢片冲制叠压而成,在铁芯的内圆冲有均匀分布的扇形槽,用来嵌放定子绕组。定子铁芯槽根据槽型和开口大小可以分为半开口槽型、半闭口槽型和开口槽型 3 种。

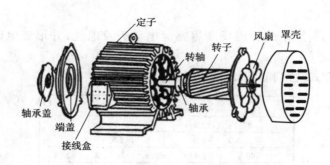

图2.3　三相鼠笼式异步电动机结构图

（2）定子绕组

由电磁线绕制而成的线圈,由一个或多个线圈按一定规律连接成一相绕组,三相交流异步电动机有三相对称绕组对称嵌放在定子铁芯槽内。

（3）电动机接线盒

如图2.5所示,三相绕组的6个线头排成上下两排,一般规定下排3个接线桩自左至右排列的编号为U1、V1、W1,上排3个接线桩自左至右排列的编号为W2、U2、V2,三相绕组可接成星形接法和三角形接法两种。

图2.4　三相异步电机定子铁芯

图2.5　三相异步电动机接线盒

（4）机座

机座用来固定定子铁芯和前后端盖,同时起防护散热作用。

机座通常为铸铁件,大型异步电动机机座一般用钢板焊成,微型电动机的机座采用铸铝件。封闭式电机的机座外面有散热筋以增加散热面积,防护式电机的机座两端端盖开有通风孔,使电动机内外的空气可直接对流,以利于散热。

2. 转子

转子是电动机的旋转部分。

（1）转子铁芯

如图2.6所示,转子铁芯由厚0.5 mm的硅钢片冲制、叠压而成,硅钢片外圆冲有均匀分布的斜槽,用来安置转子绕组。

图2.6　电动机转子铁芯

29

（2）转子绕组

转子绕组用来切割定子旋转磁场产生感应电动势及电流,并形成电磁转矩而使电动机旋转。

转子绕组有笼型式绕组和绕线式绕组两种。

三相异步电动机			
型号: Y112M-4		编号	
4.0	kW	8.8	A
380 V	1 440 r/min	LW	82dB
接法 △	防护等级 IP44	50 Hz	45 kg
标准编号	工作制 SI	B级绝缘	2000年8月
中原电机厂			

图 2.7　三相异步电动机铭牌图

（3）其他附件:除此之外,三相异步电动机起支撑作用的端盖、连接作用的轴承和冷却作用的风扇等。

（三）三相异步电动机的铭牌

在电动机的机壳明显位置,用一块铝制金属牌将电动机参数刻在此牌上,这块金属牌称为铭牌。铭牌就是一份简单说明书,使用时,不能超过铭牌上的数据,如图 2.7 所示。

1. 型号及意义

电动机的产品系列还有:YR-系列为三相绕线转子异步电动机;YD-系列为变极多速异步电动机;YB-系列为防爆鼠笼式异步电动机。

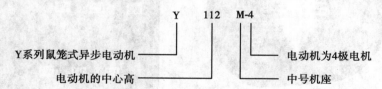

2. 额定功率

电动机在额定状态下运行时,其轴上输出的机构功率。

3. 额定转速 n_N

在额定状态下运行时转子的转速。

4. 额定电压 U_N

额定电压是电动机在额定运行状态下,电动机定子绕组上应加的线电压。

5. 额定电流 I_N

电动机加以额定电压,在其轴上输出额定功率时,定子从电源取用的线电流。

6. 额定频率 f_N

电动机在额定运行状态下,定子绕组所接电源的频率。我国规定的额定频率为 50 Hz。

7. 防护等级

防护等级是指防止人体接触电动机转动部分、电机动内带电体和防止固体异物进入电机内的防护等级。

8. 接法

接法表示电动机在额定电压下,定子绕组的连接方式即星形连接或三角形连接。

9. 绝缘等级

绝缘等级是指电动机绕组采用的绝缘材料的耐热等级。电动机绕组的绝缘材料,按其耐热性分为 A、E、B、F、H 等几种等级。

（四）电动机的绕组连接方式

如图 2.8 所示,三相异步电动机有两种连接方式,即星形连接和三角形连接。

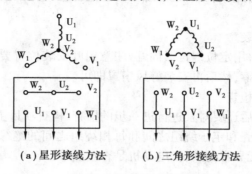

（a）星形接线方法　　　（b）三角形接线方法

图 2.8　电动机的绕组连接

电动机具体采用哪种接线方式取决于相绕组能承受的电压设计值。电动机的连接方式一般会在铭牌上标示出来。

（五）三相交流电动机的拆卸（与直流电动拆装方法基本相同）

①联轴器和皮带轮的拆卸。

②风扇及风扇罩的拆卸。

③轴承盖和端盖的拆卸。

④轴承的拆卸。

【想一想】　在对轴承进行拆卸时,如果把轴承的外表面划伤,或者导致轴承变形,安装后会导致什么后果?

（六）三相交流电动机的安装

1. 滚动轴承的安装

轴承的安装质量直接影响电动机运行的稳定性,装配前要用煤油把轴承、转轴和轴承室等清洗干净,用手转动轴承,检查轴承转动是否灵活,如果轴承转动均匀灵活,那么,再用汽油把轴承洗净,用棉纱擦净后待装。轴承往轴颈上装配的方法有两种:一种是冷套法,用一段内径大于轴颈、外径小于轴承外径、长度略大于轴颈到转轴端部长度的铜管,铜管的一端顶在轴承内圈上,用榔头轻轻敲打铜管的另一端,直到把轴承敲到轴颈位置。另一种是热套法,把轴承放在 80～100 ℃变压器油中,加热 30 min,然后趁热快速把轴承用套管推进到轴颈根部,注意加热时要把轴承放在支架上,不要与油箱底部或侧壁接触,以免使轴承受热不均匀。

2. 后端盖的安装

如果是轴承盖和端盖用螺栓固定的三相异步电动机,安装时,首先要把电动机的后端盖套在转轴的后轴承上,用木锤或紫铜棒轻轻敲打,使轴承进入端盖室内;然后拧紧轴承盖和端盖的螺栓,注意拧紧时要对称拧紧。如果是轴承盖和端盖是一体铸造而成的,那么要直接把转轴的后轴承套进端盖的轴承盖内即可。

3. 转子的安装

把安装好后端盖的转子对准定子铁芯,把转子轻轻的放入定子铁芯内,注意不要碰到定子绕组,然后根据拆卸时留下的标记,使端盖按照原来的位置对准机壳,然后交替拧上端盖的螺栓。

4. 前端盖的安装

将前端盖对准机座,然后转动端盖使拆卸时做的标记对齐。用木锤或紫铜棒均匀敲打端盖四周,使端盖进入止口,拧上端盖的紧固螺栓。注意拧紧时应按照对角线的顺序上下、左右依次拧紧。

5. 风扇和风扇罩的安装

在后轴端安装好风扇,用定位螺钉紧固好,注意扇叶安装位置要适当不能太靠外,避免风扇转动时跟风扇罩产生摩擦,然后再安装好风扇罩即可。

6. 装配全部完成后的检查

把全部部件安装完成后还要对其进行进一步的检查,检查项目主要有:所有紧固件是否拧紧、转子转动是否灵活、机壳和定子绕组之间和每相绕组之间的绝缘电阻是否足够大、通电检查电机转动是否平稳、有无异常的声音、电动机是否过热等。

二、决策计划

确定工作组织方式、划分工作阶段、分配工作任务、讨论安装调试工艺流程和工作计划,并填写工作计划表和材料工具清单,分别见表2.1和表2.2。

表2.1　工作计划表

项目二/任务一		拆装三相笼型异步电动机		学时:	
组长		组员			
序号	工作内容	人员分工	预计完成时间	实际工作情况记录	
1	明确任务				
2	制订计划				
3	任务准备				
4	实施装调				
5	检查评估				
6	工作小结				

表2.2　材料工具清单

工具						
仪表						
器材						
元件	名称	代号	型　号		规　格	数　量

拆装电动机的工艺流程如下:

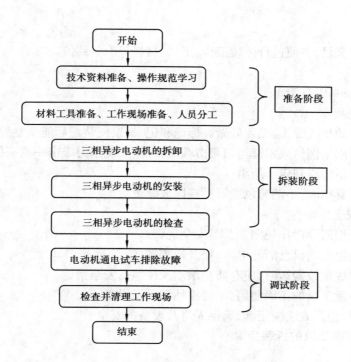

三、组织实施

组织实施	
电机拆装过程中必须遵守哪些规定/规则	国家相应规范和政策法规、企业内部规定
电机拆装前的准备	在电机拆装前,应准备好安装调试用的工具、材料和设备,并做好工作现场和技术资料的准备工作
在拆装电动机各个部件时都应注意哪些事项	
电机重要部件拆装方法的选择	
在电机拆装时,应特别注意的事项	
如何使用仪器仪表对电路进行检测	
在安装和调试过程中,采用何种措施减少材料的损耗	分析工作过程,查找相关网站

(一)拆装工作准备

在拆装前应准备好拆装用工具、材料和设备,并做好工作现场和技术资料的准备工作。

1. 工具

常见的拆装工具有拉具、紫铜棒、螺丝刀、油盘、活动扳手、榔头、钢套筒,此外,还要用到钢丝钳、尖嘴钳等。

2. 材料和器材

工作台、三相异步电动机、导线。

3. 工作现场

现场工作空间充足,方便进行拆装工作,工具、材料等准备到位。

4. 技术资料

工作计划表、材料工具清单表。

(二)拆装工艺要求

①拆卸前在电动机接线头、端盖处做好标记和记录,以便装配后能恢复到原始状态。

②拆卸端盖时用紫铜棒或木锤均匀敲击端盖四周、避免用力敲击一侧损伤轴承。

③抽出转子时不能碰到定子绕组。

④安装风扇时要牢固,不能与风扇罩有碰撞或摩擦。

(三)拆装的安全要求

①拆装前应仔细阅读操作规则尤其是安全规则。

②拆卸前要确保电动机已断开电源、松开地脚螺栓。

③电动机转子放置或搬运时,应有防止滚动及碰撞的安全措施。

④操作时应注意工具的正确使用,不得损坏工具及设备。

⑤通电试验时,操作方法应正确,确保人身及设备的安全。

(四)三相交流电动机的拆装步骤

1. 拆卸

如图2.9所示,电动机在确认已断开电源、脱离与负载的连接后,拆卸一般按照下列顺序进行:

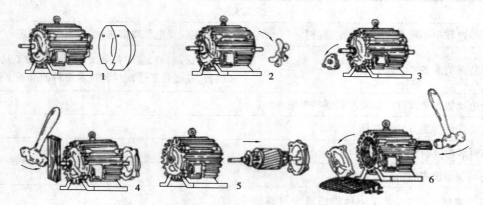

图2.9 三相笼型异步电动机拆装过程

①拆卸风扇罩。

②拆卸风扇。

③拆卸前端的轴承盖和前后端盖螺钉。

④用木板垫在转轴前端,将转子和后端盖从机座中轻轻敲出。

⑤从定子中取出转子。

⑥用木棒伸进定子铁芯,顶住前端盖内侧,用榔头将前端盖敲出。

【注意】 有的电动机轴承盖和端盖是一体的,拆卸这种电机时只需在拆卸转子前把整个前端盖拆下来即可。

三相异步笼型电动机的装配顺序,一般与拆卸顺序相反。装配时要注意拆卸时的一些标记,尽量按原记号复位。

2.安装顺序

安装顺序一般按照以下顺序进行:

①前端盖的安装。

②转子和后端盖的安装。

③前轴承盖的安装。

④风扇的安装。

⑤风扇罩的安装。

⑥装配完成后的检查试车。

四、检查评估

该项目的检查主要包括安全操作、拆装及工具的使用和调试检测 3 个部分。检查表格见表 2.3。

表 2.3　检查表

考核项目			配分	扣分	得分
安全操作	违反以下安全操作要求	暴力拆卸电动机致使电动机发生变形损坏、损坏工具、损坏仪表等 严重违反安全规程发生安全事故	0	100	
	安全与环保意识	操作中敲打电器	5		
		未经同意私自通电试车	5		
		操作中掉工具	5		
		垃圾随地乱丢	5		
拆装及工具使用	风扇罩及风扇的拆卸	低压开关安装正确	5		
	轴承盖及端盖的拆卸	电动机(或灯泡组)接线正确	5		
	转子的拆卸	熔断器的安装正确	5		
		接触器的安装正确	5		
	风扇罩及风扇的安装	热继电器的安装正确	5		
	轴承盖及端盖的安装	按钮的安装正确	5		
	转子的安装	线路连接正确	10		
	轴承的安装	工具使用规范	5		
	工具仪表的使用	仪表使用正确	5		
	通电检测	拆装顺序正确,接线正确	5		
	检查绕组接线	检测方法得当,结果正确	5		

续表

	考核项目		配分	扣分	得分
调试检测	检测电机是否正常运转和绝缘性能	会检测电机功能和绝缘性能	10		
	分析原因并排除故障	会查找故障并能排除	10		
	合　计		100		

【知识拓展】

绕线式三相异步电动机

三相异步电动机根据转子绕组的形式不同可分为鼠笼式异步电机和绕线式异步电机,其主要区别在于转子的不同,鼠笼式转子绕组由插入转子槽中的多根导条和两个环行的端环组成。若去掉转子铁芯,整个绕组的外形像一个鼠笼,故称笼型绕组;绕线式转子绕组与定子绕组相似,也是一个对称的三相绕组,一般接成星形,由于绕线式转子绕组结构较复杂,价格昂贵,容易出现故障,尤其是容易出现电火花问题,故绕线式电动机的应用不如鼠笼式电动机广泛。但通过集流环和电刷在转子绕组回路中串入附加电阻等元件,改善了异步电动机的启动、制动性能及调速性能,故在要求一定范围内进行平滑调速的设备,如吊车、电梯、空气压缩机等上采用,如图 2.10 所示是绕线式异步电动机转子的结构图,绕线式转子由铁芯、绕组、滑环、电刷、引出线头等部分组成。

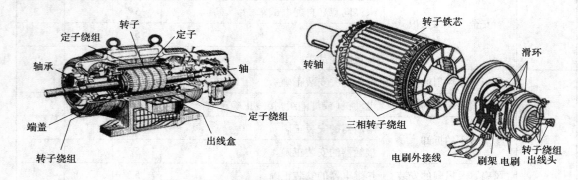

图 2.10　绕线式异步电动机结构图

【任务小结】

①三相异步电动机的分类。

②三相异步电动机的结构。三相异步电动机主要由两部分构成,即定子和转子。其中定子包括定子铁芯、定子绕组、机座、接线盒等固定不动的部分。转子包括转子铁芯、转子绕组、转轴等构成。

③电动机的型号含义。

④电动机的拆装顺序。

电动机由于维修需要拆装时,一般按照下列顺序进行拆卸:风扇罩以及扇叶、前端轴承盖、转子和后端盖、前端盖。假如电动机的端盖和轴承盖是一体的,那么只需要在拆卸转子前把前端盖拆除即可。装配顺序一般与拆卸顺序相反。

【思考与练习】

一、填空题

1. 电动机是将_____能转换为_____能的设备。

2. 三相异步电动机主要有_____和_____两部分组成。

3. 三相异步电动机的转子有_____式和_____式两种形式。

4. 三相异步电动机的转子主要由_____和_____组成。

二、单选题

1. 国产小功率笼型异步电动机转子导体最常采用的是(　　)结构。

　　A. 铸铝式　　　　　　B. 铜条式　　　　　　C. 铁条式　　　　　　D. 深槽式

2. 三相异步电动机是利用(　　)原理制成的。

　　A. 电流的热效应　　　B. 电磁力定律　　　　C. 电磁感应和电磁力定律　　D. 电磁感应

3. 三相异步电动机的启动电流很大,但是启动转矩(　　)。

　　A. 很小　　　　　　　B. 很大　　　　　　　C. 为零　　　　　　　D. 最大

三、简答题

1. 简述三相笼型异步电动机的主要结构。

2. 电动机的拆卸顺序和注意事项有哪些?

3. 通过三相异步电动机的铭牌,可以了解哪些内容?

任务二　三相笼型异步电动机定子绕组的拆换

根据三相笼型异步电机的结构特点,选用合适的工具,按照正确的拆装程序,制订出可行的拆卸和安装计划,与他人合作共同完成绕组的拆除和重新嵌线。

【工作过程】

工作步骤		工作内容
收集信息	资信	获取以下信息和知识: 　三相异步笼型电动机定子绕组的基本概念 　三相异步笼型电动机定子绕组的构成原则 　三相异步笼型电动机转速公式 　三相异步笼型电动机定子绕组的种类及特点 　三相异步笼型电动机的定子绕组首尾段判断

续表

工作步骤		工作内容
决策计划	决策	根据铭牌确定电动机种类及定子绕组类型 确定拆卸嵌入工具的种类及规格 确定定子绕组漆包线规格 确定定子绕组拆卸及嵌入工作流程 确定电动机定子绕组首尾段判断方法
	计划	根据电动机定子绕组的正确拆装程序制订出合理的拆卸嵌入计划 准备好拆卸嵌入工具及耗材 填写电动机定子绕组拆卸和嵌线所需要的工具、耗材和检查所需要的仪表等
组织实施	实施	拆卸前对电动机定子绕组的原始数据进行记录 选用正确的工具拆卸旧绕组 根据拆卸下的定子绕组规格重新绕制线圈 嵌入绕制好的线圈
检查评估	检查	对定子绕组的嵌线圈进行通电检查和测试
	评估	电动机的定子绕组拆卸和安装计划是否合理 电动机绕组拆除和重新嵌入过程是否顺利并符合操作要求 检查工作是否到位,安装完成后电机的实际运行情况是否正常 绕组拆除嵌入过程中的团队合作精神

一、收集信息

(一)电动机定子绕组的基本概念

定子绕组是三相异步电动机的心脏部分,是实现电磁能量转换,进而实现电能和机械能之间能量转换的关键部件,而且定子绕组是三相笼型异步电动机中比较脆弱的部分,容易发生各类故障,因此了解定子绕组的基本规律,对电动机的维修有很大帮助。

异步电动机的三相绕组彼此对称,具有相同的结构和匝数,相互错开120°电角度。根据嵌入定子铁芯槽内的有效边数,可分为单层绕组和双层绕组;根据绕组端部连接方式单层绕组可分为同心式绕组、交叉式绕组、链式绕组等;双层绕组可分为叠绕组和波绕组两种。为了更清楚地表示三相异步电动机的定子绕组的分布规律,设想把定子切开、拉平,这样就构成了绕组展开图,如图2.11所示。

1. 线圈

线圈是组成绕组的基本元件,由电磁线绕制而成,如图2.12所示。它的两条直线段嵌入槽内,是电磁能量转换部分,称线圈有效边;两端部仅起到连接作用,不能实现能量转换,故端部越长,浪费材料就越多。

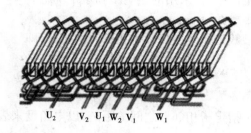

U₂ V₂ U₁ W₂ V₁ W₁

图 2.11　电动机定子绕组展开示意图

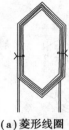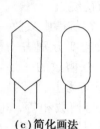

（a）菱形线圈　　　　（b）弧形线圈　　　　（c）简化画法

图 2.12　常用线圈及简化画法

2. 定子槽数 Z

定子铁芯上线槽总数称为定子槽数,用字母 Z 表示。

3. 磁极数 $2p$

磁极数是指绕组通电后所产生磁场的总磁极的个数,电机的磁极个数总是成对出现,故电机的磁极数用 $2p$ 表示。异步电机的磁极数可从铭牌上得到,也可根据电机转速计算出磁极数,即

$$2p = \frac{120f}{n_1}$$

式中　f——电源频率;

　　　p——磁极对数;

　　　n_1——电机同步转速,n_1 可从电机转速 n 取整数后获得。它在交流电机中为确定转速的重要参数,即

$$n_1 = \frac{60f}{p}$$

4. 极距 τ

相邻两磁极之间的槽距,通常用槽数来表示,即

$$\tau = \frac{Z}{2p}$$

5. 节距 y

一个线圈的两有效边所跨占的槽数。为了获得较好的电气性能,节距应尽量接近极距 τ,即

$$y \approx \tau = \frac{Z}{2p}(取整)$$

在实际生产中,常采用的是整距和短距绕组。

6. 每极相槽数 q

每极相槽数是指绕组每极每相所占的槽数,即

$$q = \frac{Z}{3 \times 2p}$$

7. 槽距角 α

槽距角是指定子相邻槽之间的距离,以电角度来表示,即

$$\alpha = \frac{180° \times 2p}{Z}$$

8. 单层与双层绕组

单层绕组是在每槽中只放一个有效边,这样每个线圈的两有效边要分别占一槽。故整个单层绕组中线圈数等于总槽数的一半。双层绕组是在每槽中用绝缘线圈隔为上、下两层,嵌放不同线圈的有效边,线圈数与槽数相等,如图 2.13 所示为单层、双层槽内布置情况示意图。

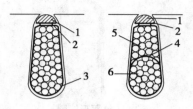

图 2.13　单层双层绕组槽内布置情况示意图

1—槽楔;2—覆盖绝缘;3—槽绝缘;

4—层间绝缘;5—上层线圈边;

6—下层线圈边

(二)电动机定子绕组的排列方法

电动机三相绕组的排列有一定的规则,比如,每相绕组的槽数必须相等,且在定子上均匀分布;三相绕组在空间上应相互间隔120°电角度等。

根据不同的排列规律定子绕组可分为以下 4 种排列方法。

1. 单层链式绕组

单层链式绕组是由具有相同形状和宽度的单层线圈元件所组成,因其绕组端部各个线圈像套起的链环一样而得名。以"4 极、$Z = 24$"的电机为例,节距 $y = 5$,线圈始端接始端,末端接末端。其绕组展开图如图 2.14 所示。

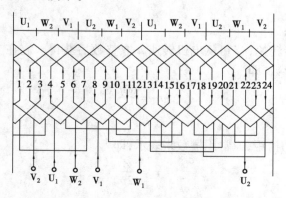

图 2.14　单层链式绕组展开图

2. 单层同心式绕组

绕组是单层布线,有较高的槽满率;线圈节距的平均值为等距,绕组端部长度大而耗线材,且漏磁较大,电气性能也较差;其绕组展开图如图 2.15 所示。

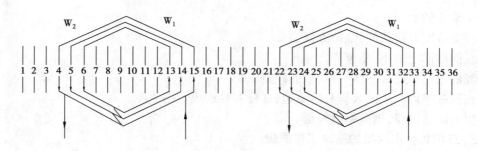

图 2.15　单层同心式绕组展开图

3. 单层交叉链式

绕组为整距,但线圈平均节距较短,用线较节省;每组线圈数和节距都不等,给嵌线工艺增加了困难;槽满率较高,电气性能较差。另外,端部连接方式也可成为同心交叉式,即把等宽度的两线圈改成同心式,如图 2.16 所示。

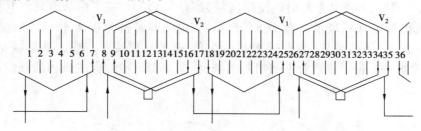

图 2.16　单层交叉式绕组展开图

4. 双层绕组

三相双层绕组分为双层叠绕组和双层波绕组。双层叠绕组每个槽内放上下两层线圈的有效边,每个线圈的一个有效边放在一个槽的上层,另一个有效边放在另一个槽的下层。波绕组多用于大型电动机的定子绕组,叠绕组多用于中小型异步电动机的定子绕组。图 2.17 为三相 4 极 36 槽双层叠绕组 U 相展开图。

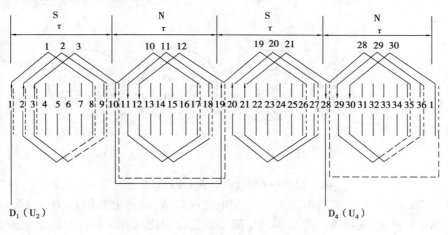

图 2.17　双层叠绕组 U 相绕组展开图

41

双层绕组的特点:

①所有线圈节距相同,绕制方便。

②线圈端部变形小,易整形。

③线圈数比单层绕组多一倍,故嵌线费工。

④在同一槽内由于嵌入异相线圈边,这样容易造成短路故障。

⑤层间需加绝缘,槽满率就较低。

(三)三相异步电动机的基本工作原理

1. 旋转磁场的产生(以 $p=1$ 为例)

三相异步电动机要旋转起来的先决条件是具有一个旋转磁场,三相异步电动机的定子绕组就是用来产生旋转磁场的。我们知道,电源相与相之间的电压在相位上是相差 120°的,三相异步电动机定子中的 3 个绕组在空间方位上也互差 120°,这样,当在定子绕组中通入三相电源时,定子绕组就会产生一个旋转磁场,其产生的过程如图 2.18 所示。选定 ωt 为 0°、120°、240°、360°几个瞬时,并将几个瞬时电流的实际方向用"⊗"和"⊙"标示出来。电流输入端用"⊗"表示,流出端用"⊙"表示。当 $\omega t = 0$°时,U 相电流瞬时值为 0,W 相电流瞬时值为正,电流从首段 W_1 流入,从尾端 W_2 流出;V 相电流为负,电流从尾端 V_2 流入,从首端 V_1 流出。所产生的合成磁场可根据右手螺旋定则判断出来,从图 2.18 可知,合成磁场的轴线正好位于 U 相界面上。

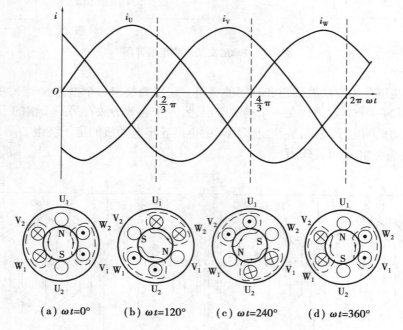

图 2.18　一个周期内定子合成磁场分布图

当 $\omega t = 120$°时,V 相电流瞬时值为 0,U 相电流瞬时值为正,电流从 U_1 流入,从 U_2 流出;W 相电流瞬时值为负,电流从 W_2 流入,从 W_1 流出。其合成磁场方向可根据右手螺旋定则判断,由图 2.18 可知,合成磁场的轴线正好位于 V 相的界面上。

同理可以判断出 ωt 为 240°、360°时其合成磁场的方向。由图可知,对称三相交流电通入三相绕组所形成的是一个旋转磁场,电流每变化一个周期,旋转磁场在空间旋转一周。旋转磁场的方向与电源的相序有关。若想改变旋转磁场的方向,只需改变通入定子绕组的电源相序即可。即对调三根电源线中的任意两根,这时,转子的旋转方向也跟着改变。

2. 旋转磁场的转速公式

旋转磁场的转速公式为

$$n_1 = \frac{60}{p}f$$

式中　f——电源频率;

　　　p——磁场的磁极对数;

　　　n_1——旋转磁场每分钟转数。

根据此式可知,电动机的转速与磁极数和电源的频率有关。

对特定电动机而言,f 和 p 通常是常数,故磁场转速 n_1 是常数。在我国,工频 $f = 50$ Hz,因此 n_1 与 p 的关系见表 2.4。

表 2.4　n_1 与 p 的关系

p	1	2	3	4
$n_1(\text{r} \cdot \text{min}^{-1})$	3 000	1 500	1 000	750

3. 异步电动机工作原理

当电动机定子绕组通入对称三相交源时,会产生一个转速为 n_1 的旋转磁场。异步电动机转子绕组导体由于相对于旋转磁场运动,就会因切割磁力线而产生感应电动势,因而转子绕组就会感应产生电流。载流的转子绕组导体在旋转磁场中会受到电磁力的作用。在电磁力形成的电磁转矩作用下,电动机转子就沿着旋转磁场的方向转动起来。

4. 转差率 s

电动机转子转动方向与磁场旋转的方向相同,但转子的转速 n 不可能达到与旋转磁场的转速 n_1 相等,否则,转子与旋转磁场之间就没有相对运动,因而磁力线就不切割转子导体,转子电动势、转子电流以及转矩也就都不存在。也就是说,旋转磁场与转子之间存在转速差,因此,把这种电动机称为异步电动机,又因为这种电动机的转动原理是建立在电磁感应基础上的,故又称为感应电动机。旋转磁场的转速 n_1 常称为同步转速。

转差率 s 用来表示转子转速 n 与磁场转速 n_1 相差的程度的物理量,即

$$s = \frac{n_1 - n}{n_1}$$

转差率是异步电动机的一个重要的物理量。当旋转磁场以同步转速 n_1 开始旋转时,转子则因机械惯性尚未转动,转子的瞬间转速 $n = 0$,这时转差率 $s = 1$。转子转动起来之后,$n > 0$,$(n_1 - n)$ 差值减小,电动机的转差率 $s < 1$。如果转轴上的负载转矩加大,则转子转速 n 降低,即异步程度加大,才能产生足够大的感应电动势和电流,产生足够大的电磁转矩,这时的转差率 s 增大;反之,s 减小。异步电动机运行时,转速与同步转速一般很接近,转差率很小。在额定工作状态下为 0.01 ~ 0.06。

（四）电动机三相绕组首尾端的判断

电动机绕组的首尾端判断有许多方法，下面介绍干电池法。

①利用万用表判断属于同相绕组的两个出线端。

②判断首尾端。将万用表的红黑表笔分别接上电动机其中一相绕组的两端，将电动机另一相绕组的两个出线端与干电池碰接，接通电池瞬间，若指针摆向大于 0 的一边，则接电池正极的线头与万用表黑表笔所接的线头同为首端或尾端。如指针反向摆动，则接电池正极的线头与万用表红表笔所接的线头同为首端或尾端。用同样方法判别另一相绕组。

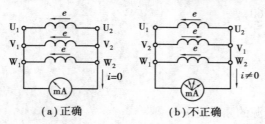

（a）正确　　（b）不正确

图 2.19　三相绕组首尾端的判断

③将首端接在一起，尾端接在一起，然后与电流表并联，转动电动机转子，若指针摆动，说明首尾端判别错误；若指针不摆动，则说明判别正确，如图 2.19 所示。

（五）电动机定子绕组的拆卸和嵌线

常用的嵌线工具有铁榔头、画线板、橡皮锤、压线板、垫打板、尖嘴钳、剪刀等。

小型三相异步电动机定子绕组的拆换：当电动机的定子绕组严重损坏、无法局部修复时，就要把原有的定子绕组全部拆除，重新嵌放新绕组。方法如下：

1. 记录原始数据

观察电动机铭牌和拆卸后的电动机定子绕组，详细记录电动机的型号、功率、接法、每槽的匝数、导线的规格等参数。拆除损坏的绕组时，要保留一组完整的线圈，以便绕制线圈时进行比对。

2. 拆除旧绕组

电机的绕组经过浸漆和绝缘处理，比较坚硬难以拆除。常见的拆除方法有：

①通电加热法。如果绕组没有断路，可将三相绕组串联，通入低压交流电（70～80 V），使线圈发热，待绝缘绕组变软后切断电源快速剪断端部绝缘绕组，打出槽楔，拉出导线。

②化学溶解法。用溶解剂浸泡定子绕组，从而使绕组软化方便拆卸，常见的甲苯化学溶剂由 40% 丙酮、35% 的甲苯、25% 的酒精混合而成。使用时将电机定子浸入溶剂中，浸泡 5～8 min 后取出，就可比较容易地拆除线圈了。

③直接拆除法。先取出槽楔，然后用铁榔头和冲子将绕组的一端端部切断，再用冲子冲出定子绕组。

3. 定子铁芯槽的清理

定子绕组拆除后会在定子槽内残留一些铜屑或绝缘纸碎片，在重新嵌入绕组之前要对槽内进行清理，可用锉刀把槽口的毛刺打磨干净，再用铁刷把槽内杂物清理干净即可。

4. 绕制新绕组

小型三相异步电动机的绕组元件绕线机上完成。绕制线圈的过程为：

①绕线前应先根据线圈周长尺寸调节配套线模的位置，并将线模紧固在绕线机上。

②将导线放在放线架上，绕线时，注意导线在模芯中应整齐排列、避免交叉混乱，且不应损

伤导线。

③按记录的原始匝数绕制线圈,绕制完成后将两侧有效边绑扎待用,以防线圈松散。绕制线圈时,应注意导线的规格要符合要求,同时应注意导线的绝缘,导线的匝数要准确无误。

5.嵌线与整形

如图2.20所示,绕组的嵌线就是把绕制好的线圈嵌放在定子槽的过程,嵌线应遵循以下原则:

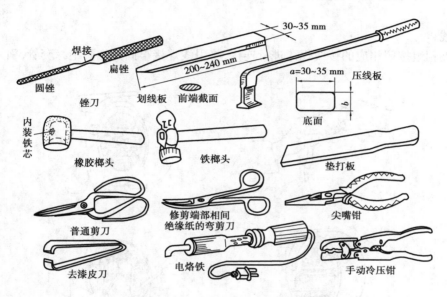

图2.20　三相异步电动机定子绕组拆除嵌线工具

①确定第1槽时应靠近电动机接线盒的位置。

②嵌装线圈时可将导线成把嵌装,即在槽沿外侧将整组导线塞入一端槽口,而在另一端将导线成把拉入(注意不能划伤导线)。线圈嵌入时槽内部分应避免交叉。使用工具时严禁划伤线圈绝缘。

③每槽的线圈嵌装完毕应使用槽楔将槽口封住。

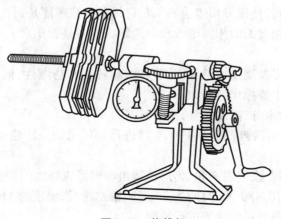

图2.21　绕线机

④嵌线中的所有线圈的引出线头应分布在一侧端部。

⑤嵌完所有线圈后应先将各连接点的绝缘漆皮进行处理,然后测量是否有碰壳和损坏现象。

⑥测量无恙后,将各连接点及外接引线进行牢固焊接。

经上述工序后便可对重绕绕组进行端部整形。整形的目的:一是使端部绕组排列整齐有序;二是便于电机转子装入机壳。整形时先将相线与相线间的绝缘纸垫入,然后可用绝缘绑扎带将绕组进行绑扎处理,最后使用木锤或橡皮锤向外敲打端部绕组,使两端绕组均被敲打成喇叭口形状。

6. 接线

将各极相组按照相应的接线规律进行连接,将引线焊接牢固并加套绝缘套管,引入电动机的接线盒。

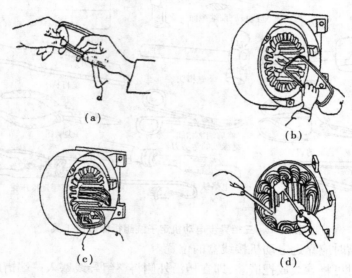

(a) (b) (c) (d)

图 2.22　异步电动机定子绕组嵌线

7. 嵌线质量检查

①外观是否整齐有序,接头包扎是否符合绝缘要求,端部绑扎是否牢固。

②绕组接线顺序检查,使用万用表检测三相绕组的接线顺序是否正确。

③用万用表测量三相绕组的相间绝缘和对地绝缘电阻是否正常。

8. 浸漆与烘干

浸漆的目的是为了提高绕组的绝缘耐压强度、耐热性和防潮性,同时,还增加了绕组的机械强度和耐腐蚀能力。主要操作过程如下:

①预烘:目的是排除水分、挥发潮气,预热时间为 4 ~ 8 h。

②浸漆:预烘后,待温度冷降到 60 ~ 70 ℃时进行。可采用浇漆法或沉浸法对绕组进行浸渍绝缘漆处理。

③烘干:其目的是挥发漆中溶剂和水分,使绕组表面形成坚固的漆膜。烘干过程分为两个阶段:第一阶段,温度为 70 ~ 80 ℃,时间为 2 ~ 4 h;第二阶段,温度为 110 ~ 120 ℃,烘干 8 ~ 16 h。待重绕绕组冷却后,即可对电动机进行装配。

二、决策计划

确定工作组织方式、划分工作阶段、分配工作任务、讨论安装调试工艺流程和工作计划,并填写工作计划表和材料工具清单,分别见表2.5和表2.6。

表2.5　工作计划表

项目二/任务二		三相笼型异步电动机定子绕组的拆换		学时:	
组长		组员			
序号	工作内容	人员分工	预计完成时间	实际工作情况记录	
1	明确任务				
2	制订计划				
3	任务准备				
4	实施装调				
5	检查评估				
6	工作小结				

表2.6　材料工具清单

工具					
仪表					
器材					
元件	名称	代号	型号	规格	数量

拆换定子绕组的过程如下:

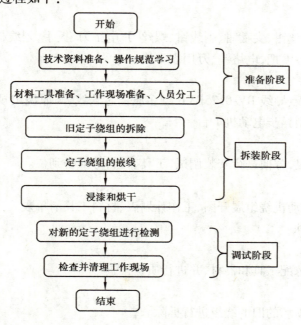

三、组织实施

组织实施	
拆装过程中必须遵守哪些规定/规则	国家相应规范和政策法规、企业内部规定
定子绕组前的准备	在拆装前,应准备好定子绕组拆装用的工具、材料和设备,并做好工作现场和技术资料的准备工作
在拆除定子绕组时应注意哪些内容	拆除绕组时注意不要破坏定子铁芯结构;拆除时要注意至少保留一组绕组完整
在安装定子绕组时应注意哪些内容	绕组端部的内径应大于定子铁芯内径,以便于转子安装;第1槽时应靠近电动机接线盒的位置;线圈嵌入时槽内部分应避免交叉;使用工具时严禁划伤线圈绝缘;嵌完所有线圈后测量是否有碰壳和损坏现象
如何使用仪器仪表对电路进行检测	检查重点:接线是否牢固;电机内部是否清洁美观,接线是否正确牢固
在绕组安装过程中,采用何种措施减少材料的损耗	采用短距绕组;绕组端部在满足工艺条件下尽可能要少;绕组导线的规格应符合要求

(一)工作准备

在拆装绕组前,应准备好拆装用的工具、材料和设备,并做好工作现场和技术资料的准备工作。

1. 工具

拆装所需工具:钢丝钳、尖嘴钳、剥线钳、螺丝刀,电工刀、扳手,划线板、橡皮锤、铁榔头、理线板、压线板、锉刀等各1把,电烙铁、万用表1块。

2. 材料和器材

实训工作台和木板、导线 BV-0.75BVR 型多股铜芯软线、与原绕组规格相同的漆包线、绝缘管、绕线机、废旧笼型异步电动机1台。

3. 工作现场

现场工作空间充足,方便进行安装调试,工具、材料等准备到位。

4. 技术资料

电动机结构图、电动机绕组展开图、工作计划表、材料工具清单表。

(二)安装工艺要求

1. 备齐工具、材料

备齐工具、材料,选配工具和器材,并进行质量检查。

2. 旧绕组拆除

按照工艺流程对损坏的旧的绕组进行拆除。

3.新绕组绕制

按照旧绕组的规格绕制新绕组,可从拆卸的完整的一组旧绕组中测量出绕组的长宽等数据。

4.新绕组的嵌线

安装工艺要求对新绕组进行嵌线工作。

工艺要求:

①旧绕组拆除时,不得用火烧加热定子的方法,使绕组变软。

②拆除绕组时必须留一个完整的绕组,以便新绕组时参照绕制。

③定子槽内必须清理干净,以便放置新绕组,同时槽口和槽内的毛刺用锉刀打磨干净。

④绕制线圈的导线规格必须符合要求,并且绕制时避免发生弯折。

⑤线圈的匝数要准确无误。

⑥嵌线时要注意避免破坏绕组绝缘。

⑦绕组完成后,要对绕组进行整形,用橡皮锤隔着硬纸板敲打绕组端部,使其平整,端部不能过长,过长可能会使绕组触碰到端盖,造成绝缘损害。

⑧导线剥削处不应损伤线芯或线芯过长,导线压头应牢固可靠。

⑨嵌线检查。外观是否整齐有序,用万用表绕组接线顺序是否正确,绕组相间绝缘和对地绝缘是否够大。

(三)绕组拆装的安全要求

①如果是用化学溶解软化绝缘绕组以便拆除,那么一定要注意防火,并保持通风环境,以免发生中毒。

②打磨清理定子槽时要注意正确使用锉刀工具防止毛刺划伤手指。

③绕制定子绕组时要注意匝数是否符合要求。

④操作时应注意工具的正确使用,不得损坏工具及元器件。

⑤通电试验时,操作方法应正确,确保人身及设备的安全。

(四)绕组拆卸和嵌线的步骤

绕组拆卸嵌线步骤:原始数据记录、拆除旧绕组、定子铁芯槽的清理、绕制新绕组、嵌线与整形、接线、嵌线质量检查、浸漆与烘干。

四、检查评估

该项目的检查主要包括组装、检测调试及安全操作3个方面。检查表格见表2.7。

表2.7 检查表

考核项目			配分	扣分	得分
安全操作	违反以下安全操作要求	自行带电选择完好的电动机进行绕组拆除操作;拆卸蛮力敲打电动机绕组,导致电动机铁芯结构变形的;检测时严重违反安全规程,导致触电事故的	0	100	

续表

	考核项目		配分	扣分	得分
安全操作	安全与环保意识	操作中敲打电器	5		
		绕线时弯折绕组	5		
		操作中工具、导线垃圾随地丢	5		
拆除嵌线及工具使用	原始数据记录	记录原始数据完整	5		
	拆除绕组	拆除绕组方法正确	5		
	定子槽清理	定子槽内无绝缘纸铜屑残留	5		
	铁芯有无损伤	定子铁芯无损伤	5		
	线模绕制	线模绕制正确	5		
	绕制线圈	线圈排列整齐无交叉弯折	5		
		线圈匝数准确	10		
	工具的使用	工具使用规范	5		
	仪表的使用	仪表使用正确	5		
	通电检测	元件位置正确,接线正确	5		
	检查电气接线	检测方法得当,结果正确	5		
	浸漆烘干	浸漆烘干方法正确	10		
调试检测	电动机检测	正确检测电动机	10		
	分析原因并排除故障	会查找故障并能排除	5		
合　计			100		

【知识拓展】

异步电动机常见故障及其处理方法

(一)不能启动

①电源未接通,检查电源、熔断器、开关触点及电机引线有无断路。

②绕组故障,绕组接线错误,接触不良或短路。

③电源电压过低,低于启动电压,检测电源电压。

④负载过大或传动机械有故障。把电动机和负载分开,分别检查后再处理故障。

(二)转速不正常,远低于额定转速

①电源电压太低,检查输入端电压并纠正。

②鼠笼转子断条,检查端环有无开裂或更换转子。如果是绕线转子可能是一相断路。

③绕组故障,检查绕组是否接线错误,或接触不良或绕组绝缘被击穿。

④负载过大,选用较大电机或减轻负载。

⑤绕组接线错误,如三角形接误成星形接。

（三）电动机有异常噪声或振动过大

①机械摩擦（包括定子、转子相擦），检查转动部分与静止部分间隙，找出相摩擦原因，进行校正。

②单相运行，断电、再合闸，如果不能启动，则可能有一相断电，检查电源或电动机并加以修复。

③滚动轴承缺油或损坏，清洗轴承，加新油；轴承损坏，更换新轴承。

④电动机接线错误，查明原因，重新接线。

⑤绕线转子异步电动机转子线圈断路，查出断路处，加以修复。

⑥轴伸弯曲，校直或更换转轴。

⑦转子不平衡，校平衡。

⑧安装基础不平或有缺陷，检查基础和底板的固定情况加以纠正。

（四）电动机温升过高或冒烟

①过载，用钳形电流表测量定子电流，发现过载时，减轻负载或更换较大功率的电动机。

②单相运行，检查熔体，控制装置接触点，排除故障。

③电源电压过低或电动机接法错误，检查电源电压；三角形联结电动机误接成星形联结工作或星形联结电动机误接成三角形联结工作，必须立即停电改接。

④定子绕组接地或匝间或相间短路，检查找出短路和通地的部分，进行修复。

⑤绕线转子异步电动机转子线圈接线头松脱或笼形转子断条，对绕线转子，查出其松脱处，并加以修复；对铜条笼形转子，补焊或更换铜条；对铸铝转子，更换转子或改为铜条转子。

⑥定子、转子相擦，检查轴承、轴承室及轴承有无松动，定子和转子装配有无不良情况，加以修复。

⑦通风不畅，移开妨碍通风的物件，清除风道污垢、灰尘及杂物使空气畅通。

（五）轴承过热

①轴承损坏，更换轴承。

②滚动轴承润滑脂过多、过少或有杂质，调整或更换润滑脂。

③滑动轴承润滑油不够，有杂质或油环卡住，加油到标准油面线或更换新油；查明卡住原因，加以修复；油黏度过大时，应更换润滑油。

④轴承与轴配合过松或过紧，过松时可将轴颈喷涂金属；过紧时重新加工。

⑤轴承与端盖配合过松（走外圆）或过紧，过松时将端盖镶套；过紧时重新加工。

⑥电动机两侧端盖或轴承盖没有装配好，将两侧端盖或轴承盖止口装平，旋紧螺栓。

（六）电机绝缘电阻过低或外壳带电

①绕组受潮或被水淋湿，对绕组进行加热和烘干处理。

②绝缘污垢或老化，清洗干燥，涂漆处理，如果老化，需更换绝缘。

③接线板损坏或引出线碰壳，修理或更换接线板或接线盒，引出线重包绝缘。

④电源线、接地线接错，纠正接线错误。

【任务小结】

①异步电动机的三相绕组彼此对称，具有相同的结构和匝数根据，相互错开120°电角度。根据绕组端部连接方式单层绕组可分为同心式绕组、交叉式绕组、链式绕组等；双层绕组可分

为叠绕组和波绕组两种。

②电动机的工作原理。

③绕组拆卸和嵌线步骤。

④电动机首尾端判别。

【思考与练习】

一、填空题

1.三相异步电动机型号为 Y90L-4,其型号中 Y 代表_____。

2.三相异步电机的定子槽数为 24,磁极对数 $p=2$,则槽距角 α 为_____。

3.用干电池法判断电动机定子绕组首尾端时,指针式万用表的黑表笔和电池的_____极同为首端或尾端。

4.拆除旧的绕组的方法有_____、_____和_____3 种。

5.根据绕组端部连接方式单层绕组可分为_____、_____、_____3 种;双层绕组可分为_____、_____组两种。

二、单选题

1.三相异步交流电动机在额定状态运行时,其转差率一般在(   )范围内。

　　A.0.03 ~ 0.05　　　　B.0.01 ~ 0.06　　　　C.0.1 ~ 0.6　　　　D.0.3 ~ 0.5

2.4 极电机在额定状态下运行时的旋转磁场转速为(   )r/min。

　　A.3 000　　　　　　B.750　　　　　　　C.1 500　　　　　　D.1 000

3.绕制线圈的质量是很重要的,如果绕制过程中出现接头,应将其处理在(   )。

　　A.定子槽中部　　　B.线圈的端部　　　C.定子槽端部　　　D.线圈报废

4.绕组嵌线是下列哪种工具用不到的(   )。

　　A.理线板　　　　　B 压线板　　　　　C.橡皮锤　　　　　D.手板拉具

三、简答题

1.已知三相异步电动机的定子铁芯槽数 $Z=24$,磁极对数 $p=2$,试画出该电动机同芯式绕组展开图。

2.定子绕组嵌线完成后,浸漆之前要做哪些检查?

3.简述定子绕组的绕制过程。

4.简述三相交流异步电动机绕组首尾端的判别过程。

项目三 小型变压器的绕制

【项目描述】

变压器传递交流电能的一种静止电器,是电力系统中的一种重要电气设备,如图3.1所示,它可将电压升高以实现高压小电流输送经济,到用户可将电压降低以实现低压分配安全。

变压器种类繁多,但其基本结构、原理及用途是一样的。本项目主要认识小型变压器的结构、工作原理及绕制等。

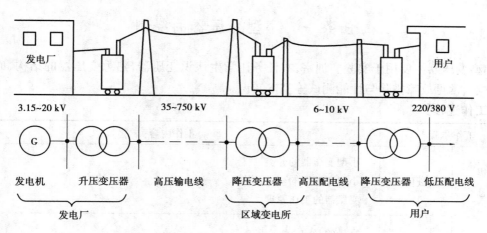

图3.1 电力系统结构示意图

【项目要求】

知识:

➤ 能记住变压器的结构、用途及分类;

➤ 能正确理解变压器的工作原理;

➤ 能概述单相变压器空载运行和负载运行的步骤;

➤ 能记住变压器额定参数;

➤ 能知晓三相变压器结构和原理;

➤ 能概述变压器极性及绕组连接组别;

➤ 能熟悉各种特殊变压器的用途和原理;

➤ 能复述变压器并联运行的原理。

技能:

➤ 能正确绕制小型变压器;

➤ 能正确判定变压器的同名端;

- ➤ 能正确搭建变压器运行实验；
- ➤ 能正确判断变压器常见故障；
- ➤ 能正确判别变压器绕组联结组别；
- ➤ 能正确使用仪用互感器、自耦变压器；
- ➤ 能正确使用常用工具和仪表。

情感态度：

- ➤ 能积极参与实验活动；
- ➤ 能以良好的学习态度完成教学活动；
- ➤ 能自觉组织和管理课堂练习；
- ➤ 具有较强的节能、安全、环保和质量意识。

任务一　小型变压器的绕制

小型变压器主要用于实验实训室,本任务让学生认识变压器,熟悉变压器的结构、原理及绕制方法、常见故障排除与性能测试等基本知识。

【工作过程】

工作步骤		工作内容
收集信息	资信	小型变压器的分类 小型变压器的基本结构 变压器的工作原理
决策计划	决策	容量的确定 确定铁芯尺寸 绕组计算 绕组排列及铁芯尺寸的确定
	计划	根据负载的需要出发,满足负载电压和容量的需要,通过计算选择铁芯、线径、匝数
组织实施	实施	选择导线和绝缘材料 选择模压框线或片制木 制作骨架 绕线 铁芯镶片

续表

工作步骤		工作内容
检查 评估	检查	项目实施结果考核 考核方案设计 成果汇报或调试 成果展示(实物或报告),写出本项目完成报告 师生互动(学生汇报、教师点评) 考评组打分
	评估	绕制绕组、绝缘处理、铁芯装配 团结协作 安全文明生产

一、收集信息

(一)小型变压器分类及结构

1. 小型变压器分类

小型变压器种类很多,有不同的结构形式和不同的用途。

①按绕组结构分为双绕组变压器和多绕组变压器。

②按铁芯结构分为芯式变压器和壳式变压器。

③按用途分为电源变压器、整流变压器、控制变压器、隔离变压器、耦合变压器和脉冲变压器等。

2. 小型变压器的基本结构

如图3.2所示为几种常见的小型变压器。小型变压器一般都是单相变压器,它们的基本结构都是由铁芯和绕组两个最基本的部分组成。

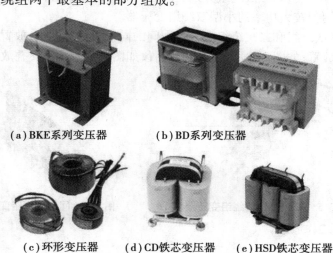

(a) BKE系列变压器　　(b) BD系列变压器

(c) 环形变压器　　(d) CD铁芯变压器　　(e) HSD铁芯变压器

图3.2　常见的小型变压器

（1）铁芯

铁芯是变压器的磁路部分，也作为变压器的机械骨架。铁芯由铁芯柱和铁轭两部分组成，铁芯柱上套装绕组，铁轭的作用是使磁路闭合。为了提高导磁性能，减少磁滞损耗和涡流损耗，铁芯常用表面涂有绝缘漆、厚度为 0.35 ~ 0.5 mm 的硅钢片叠装而成。接缝要互相错开，以减少由于接缝所产生的空气气隙对磁路的影响。

铁芯结构的基本形式有芯式和壳式两种，芯式变压器的结构如图 3.3（a）所示，其特点是绕组包围铁芯，这种结构比较简单，装配比较容易，用于较大容量的小型单相变压器和大容量的三相电力变压器中。

壳式变压器的结构如图 3.3（b）所示，其特点是铁芯包围绕组，这种结构机械强度高、铁芯散热好，但制造工艺较复杂，用于小容量的干式单相变压器中。

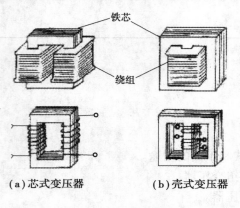

（a）芯式变压器　　　（b）壳式变压器

图 3.3　芯式和壳式变压器

图 3.4　小型双绕组变压器

（2）绕组

绕组是变压器的电路部分，用电磁线绕制而成。接电源的绕组称为一次绕组，与负载相接的绕组称为二次绕组。

芯式变压器，一次绕组和二次绕组分别套装在两个不同的铁芯柱上，如图 3.4 所示。这种绕组结构形式一般用于较大功率的小型双绕组变压器。

壳式变压器，一次绕组和二次绕组套装在中间的同一根铁芯柱上，放置的方式有 3 种。如图 3.5 所示的上下放置；如图 3.6 所示的同心放置；如图 3.7 所示的交叠放置。

图 3.5　上下放置双绕组变压器　　　图 3.6　同心双绕组变压器

（二）变压器的工作原理

1. 电压变换

如图 3.8 所示，规定一次侧的电压、电流、功率和匝数分别为 U_1、I_1、P_1 和 N_1；二次侧的电压、电流、功率和匝数分别为 U_2、I_2、P_2 和 N_2。当一次侧绕组接在交流电源上,在交流电源 U_1 的作用下,流过一次绕组的交变电流为 I_1,在铁芯里产生交变磁通为 Φ,沿铁芯形成闭合回路。磁通 Φ 同时穿过二次绕组,根据电磁感应定律,在二次绕组中产生感应电动势 E_2,则二次绕组两端就有同频率的交流电压产生。

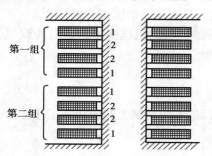

第一组

第二组

图 3.7   交叠多绕组变压器

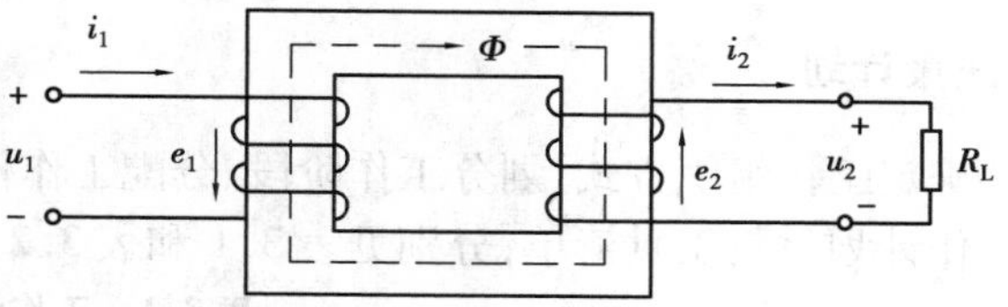

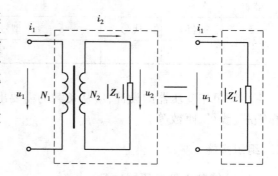

图 3.8   变压器的电压变换原理

假设变压器空载,$I_2 = 0$。则

$$\frac{U_1}{U_2} \approx \frac{E_1}{E_2} = \frac{N_1}{N_2} = K$$

式中 E_1——一次绕组电动势有效值;

E_2——二次绕组电动势有效值;

K——变压器的匝数比,又称为变压器的变比。

上式表明一次与二次绕组中的感应电动势之比等于其匝数之比。当 $K > 1$ 时,$U_1 > U_2$,为降压变压器;当 $K < 1$ 时,$U_1 < U_2$,为升压变压器。

2. 电流变换

变压器的二次绕组接入负载 Z_L 时,二次绕组中流过的电流为 I_2,经推导可得

$$\frac{I_1}{I_2} \approx \frac{N_2}{N_1} = \frac{1}{K}$$

上式表明一次与二次绕组中的电流之比等于其匝数比的倒数。匝数较多的高压侧绕组中的电流较小;反之,匝数较少的低压侧绕组中的电流较大。

3. 阻抗变换

变压器除了具有变压和变流的作用外,还有变换阻抗的作用。如图 3.9 所示,变压器原边接电源 U_1,副边接负载阻抗 $|Z_L|$,对于电源来说,图中虚线框内的电路可用另一个阻抗 $|Z'_L|$ 来等效。所谓等效,就是它们从电源吸取的电流和功率相等。当忽略变压器的漏磁和损耗时,等效阻抗由下式求得

$$|Z'_L| = \frac{U_1}{I_1} = \frac{\left(\frac{N_1}{N_2}\right) U_2}{\left(\frac{N_2}{N_1}\right) I_2} = \left(\frac{N_1}{N_2}\right)^2 |Z_L| = K^2 |Z_L|$$

图 3.9   变压器的阻抗变换作用

式中 $|Z_{\mathrm{L}}|=\dfrac{U_2}{I_2}$，$|Z_{\mathrm{L}}|$ 表示变压器副边的负载阻抗。

可见,对于变比为 K 且变压器副边阻抗为 $|Z_{\mathrm{L}}|$ 的负载,相当于在电源上直接接一个阻抗 $|Z'_{\mathrm{L}}|=K^2|Z_{\mathrm{L}}|$ 的负载。也可以说,变压器把负载阻抗 $|Z_{\mathrm{L}}|$ 变换为 $|Z'_{\mathrm{L}}|$。因此,通过选择合适的变比 K,可把实际负载阻抗变换为所需的数值,这就是变压器的阻抗变换作用。

在电子电路中,为了提高信号的传输功率,常用变压器将负载阻抗变换为适当的数值,使其与放大电路的输出阻抗相匹配,这种做法称为阻抗匹配。

二、决策计划

确定工作组织方式、划分工作阶段、分配工作任务、讨论安装调试工艺流程和工作计划,填写工作计划材料工具清单,分别见表 3.1 和表 3.2。

表 3.1 工作计划表

项目三/任务一		小型变压器的绕制		学时:	
组长		组员			
序号	工作内容	人员分工	预计完成时间	实际工作情况记录	
1	明确任务				
2	制订计划				
3	任务准备				
4	实施装调				
5	检查评估				
6	工作小结				

表 3.2 材料工具清单

工具					
仪表					
器材					
元件	名称	代号	型号	规格	数量

小型单相变压器的设计,应从负载的需要出发,满足负载电压和容量的需要,通过计算选择铁芯、线径、匝数等。

三、组织实施

(一)绕制小型变压器准备

在绕制小型变压器前,应准备好安装调试用的工具、材料和设备,并做好工作现场和技术资料的准备工作。

1. 工具

安装所需工具:钢丝钳、尖嘴钳、斜口钳、剥线钳、一字螺丝刀、十字螺丝刀(3.5 mm)、电工刀、起子(3.5 mm)等各 1 把,数字万用表 1 块、锯弓 1 把。

2. 材料和器材

常用电工工具、绕线机、旧变压器、导线、绝缘材料、交流电压表、交流电流表、功率表、兆欧表。

3. 工作现场

现场工作空间充足,方便进行安装调试,工具、材料等准备到位。

4. 技术资料

小型变压器绕制的视频资料、变压器相关参考书、网络资源。

(二)安装工艺要求

①绕组绝缘是否良好、可靠。

②引出线的焊接是否可靠、标志是否正确。

③铁芯是否整齐、紧密。

④铁芯的紧固是否均匀、可靠。

小型变压器的绕制工艺流程如下:

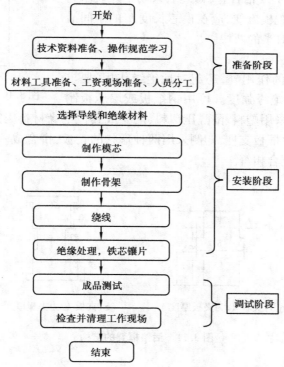

(三)安装的安全要求

①正确选择漆包线和绝缘材料。

②制作模芯时,正确使用工具。

③制作骨架时,正确使用工具。

④绕线完成后,使用万用表检测接触是否良好。

⑤铁芯镶片,正确使用电流表、电压表进行检查。

（四）制作变压器的步骤

步骤1:选择漆包线和绝缘材料

由下式得出漆包线截面积为

$$A_S = \frac{I}{j}$$

电流密度一般选取 $j = (2 \sim 3)$ A/mm²;但在变压器短时工作时,电流密度可取 $j = (4 \sim 5)$ A/mm²。

再由计算出的 A_S 为依据,选取相同或相近截面的导线直径 Φ。

步骤2:制作模芯

模芯是用来套在绕线机转轴上支撑绕组骨架进行绕线或不用骨架直接进行绕线的。

如图3.10所示,尺寸 $a' \times b'$ 按铁芯中心柱截面 $a \times b$ 加绝缘层厚度稍大一些,长度应比铁芯窗口的高度 h 稍小一些。中心孔、四个平面和边角的要求与有绕组的模芯相同。其材料一般采用干燥硬木或铝合金,修理时采用干燥硬木为宜。为了使绕制绕组后脱模方便,应在模芯长度 h' 的中间沿45°方向斜锯,使其成为对半的两块。

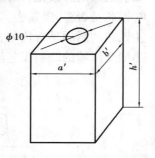

图3.10　小型变压器的模芯

步骤3:制作骨架

骨架除起支撑绕组的作用外,还起对地绝缘作用,要求具有一定的机械强度与绝缘强度。可用钢纸板或层压板制成,如经常修理时,也可采用塑料、酚醛压塑料、尼龙或其他绝缘材料压制而成。如图3.11所示,框架的两端用两块边框板支柱,四侧采用两种形状的夹板,拼合成一个完整的框架。要求框架尺寸与铁芯、绕组配合相符。

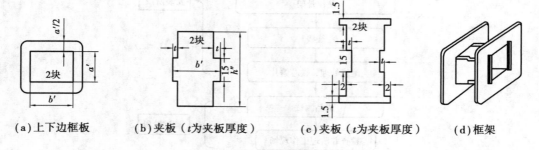

(a)上下边框板　　　(b)夹板(t为夹板厚度)　　　(c)夹板(t为夹板厚度)　　　(d)框架

图3.11　活络框架的结构

步骤4:绕线

绕组绕制的工艺,是决定变压器质量的关键。小型变压器绕组的绕制,一般在手摇绕线机或自动排线机上进行,要求配有计数器,以便正确绕制与抽头。绕组绕制的质量要求:导线尺寸符合要求;绕组尺寸与匝数正确;导线排列整齐、紧密和绝缘良好。

1. 准备工作

①检查模芯及骨架尺寸并将其安装在主轴上。

②准备绕线材料和检查导线尺寸。

③在骨架上垫好绝缘。

④校对计数器,并调至零位。

⑤将导线盘装在搁线架上。

2. 绕制步骤

①起绕时,在导线引线头上压入一条绝缘带折条,待绕几匝后抽紧起始线头,如图 3.12 (a)所示。

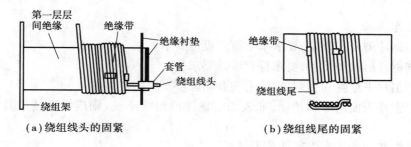

（a）绕组线头的固紧　　　　　　　　（b）绕组线尾的固紧

图 3.12　绕组的绕制

②绕线时,通常按照一次绕组、静电屏蔽、二次高压绕组、二次低压绕组的顺序,依次叠绕。当二次绕组数较多时每绕好一组后,用万用表测量是否通路,检查有否断线。

③每绕完一层导线,应安放一层层间绝缘。根据变压器绕组要求,做好中间抽头。导线自左向右排列整齐、紧密、不得有交叉或叠线现象,待绕到规定匝数为止。

④当绕组绕至近末端时,先垫入固定出线用的绝缘带折条;待绕至末端时,把线头穿入折条内,然后抽紧末端线头,如图 3.12(b)所示。

⑤拆下模芯,取出绕组,包扎绝缘,并用胶水或绝缘胶粘牢。

3. 绝缘处理

绕组绕制完成后,为了提高绕组的绝缘强度、耐潮性、耐热性及导热能力,必须经过浸没绝缘漆处理。要求浸漆与烘干严格按绝缘处理工艺进行,以保证绝缘良好、漆膜表面光滑和成为一个结实的整体。小型变压器的绝缘处理有时安排在铁芯装配后进行,其工艺相同,但要求清除铁芯表面残漆,并保证绝缘良好、可靠。主要工序如下:

（1）预烘

将绕组放在电热干燥箱中,加热温度为 110 ℃左右,一般为 3 ~ 4 h。也可采用灯泡干燥法。

（2）浸漆

将预烘干燥的绕组取出,放入 1032 三聚氰胺醇酸树脂漆中沉浸约 30 min,一直浸到不冒气泡为止,然后取出绕组滴干余漆。

（3）烘干

将滴干余漆的绕组放在电热干燥箱中,加热温度为 120 ℃左右,一般为 8 ~ 10 h,待绝缘电阻稳定合格后,即为烘干,也可采用灯泡干燥法烘干。小型变压器绕组的绝缘处理,也可采用电流干燥法烘干,即在绕组绕制过程中,每绕完一层,就涂刷一层较薄的 1032 三聚氰胺醇酸树脂漆,然后垫上绝缘材料,继续绕下一层,绕组绕完后通电烘干。通电烘干的方法是用一台适当容量的自耦变压器经过交流电流表与欲烘干的变压器的高压绕组串联,而低压绕组短路。逐渐增大自耦变压器的输出电压,使电流达到高压绕组额定电流的 2~3 倍,绕组通电干燥约需 12 h。由于电流干燥法工艺不易掌握、质量较难保证,故一般很少采用。

步骤 5:铁芯镶片

铁芯装配,即铁芯镶片,是将规定数量的硅钢片与绕组装配成完整的变压器。铁芯装配的要求:紧密、整齐,铁芯截面应符合设计要求,以免磁通密度过大致使运行时硅钢片发热并产生振动与噪声。

1. 准备工作

①检查硅钢片型号和厚度,要求基本符合设计要求。

②检查硅钢片形状和尺寸,要求符合设计要求。

③检查硅钢片平整度和毛刺,去除毛刺及剔除不平整的硅钢片。

④检查硅钢片表面绝缘和锈蚀,如表面有锈蚀或绝缘不良,则应清除锈蚀及重新涂刷绝缘漆。

⑤检查绕组和准备装配用零件及工具。

2. 铁芯装配步骤

①在绕组两边,两片两片地交叉对插,插到较紧时,则一片一片地交叉对插。

②当绕组中插满硅钢片时,余下大约 1/6 比较难插的紧片,用螺钉旋具撬开硅钢片夹缝插入。

③镶插条形片(横条),按铁芯剩余空隙厚度叠好插进去。

④镶片完毕后,将变压器放在平板上,两头用木槌敲打平整,然后用螺钉或夹板紧固铁芯,并将引出线焊到焊片上或连接在接线柱上。

四、检查评估

评分内容	评分标准	配分	得分
记录原始数据	每漏记一项扣 5 分,扣完为止	10	
选择漆包线和绝缘材料	选择漆包线和绝缘材料选择错误扣 5 分	5	
制作模芯	制作模芯不合格扣 5 分	5	
制作骨架	制作骨架不合格扣 5 分	5	
绕制绕组	绕制不平整扣 5 分;绕制的绕组尺寸与铁芯不匹配扣 10 分;引出线有断线或脱焊扣 10 分;有机械损伤或绝缘不好扣 5 分	30	
绝缘处理	绝缘处理工艺不正确一次扣 5 分,扣完为止	10	
铁芯装配	铁芯装配步骤不正确扣 10 分;铁芯装配工艺有问题扣 5 分	15	

评分内容	评分标准	配分	得分
团结协作	小组成员分工协作不明确扣 5 分；成员不积极参与扣 5 分	10	
安全文明生产	违反安全文明操作规程扣 5 ~ 10 分	10	
项目成绩合计			
开始时间	结束时间		所用时间	
评语			

【知识拓展】

变压器参数确定及工艺要求

（一）容量的确定

变压器的二次绕组可能是多个绕组，每个绕组需供给负载的电压、电流分别为 U_2、I_2，U_3、I_3，U_4、I_4，…，二次侧输出的总功率为

$$S_2 = U_2 I_2 + U_3 I_3 + U_4 I_4 + \cdots$$

考虑到小型变压器的损耗，一次侧的输入总功率 S_1 应为

$$S_1 = \frac{S_2}{\eta}$$

式中　η——变压器的效率，可根据变压器的容量来选择，一般 1 kV · A 以下的小型单相变压器取 $\eta = 0.8 \sim 0.9$。

由于小型单相变压器的温升由一次侧和二次侧的平均功率（容量）决定，因而变压器的设计功率应为 S，其计算表示式可表示为

$$S = \frac{S_1 + S_2}{2}$$

若有现成的铁芯，可根据铁芯的截面积来确定变压器的功率，按照下面的公式可以计算出变压器的功率

$$S = \left(\frac{A}{1.2} \right)^2$$

式中　A——变压器铁芯芯柱的截面积，cm^2。

（二）确定铁芯尺寸

小容量单相变压器铁芯芯柱截面积的计算可采用经验公式

$$A = K \sqrt{P_S}$$

式中　K——系数（可查阅相关手册）；

　　　P_S——变压器的容量。

如图 3.13 所示，由 A 即可决定变压器铁芯芯柱宽度 a 和叠片厚度 b，原则上 $a \times b = A$ 即可。

铁芯窗口面积为 $A_0 = c \times h$，可用 $A_0 = 1.6S/A$ 来估算。

其中，A_0、A 的单位为 cm^2，S 单位为 V·A，若取 $c = a/2$，铁芯叠片尺寸，见表 3.3。

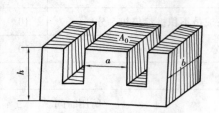

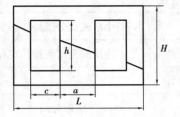

图 3.13　变压器铁芯尺寸　　　　　　　图 3.14　变压器叠片尺寸

表 3.3　不同型号 E 形铁芯片的尺寸/mm

a	c	h	L	H	a	c	h	L	H
13	7.5	22	40	34	32	16	48	96	80
16	9	24	50	40	33	19	57	114	95
20	10	30	60	50	44	22	66	132	110
22	11	33	66	55	50	25	75	150	125
25	12.5	37.5	75	62.5	56	28	84	168	140
28	14	42	84	70	64	32	96	192	160

注：铁芯片厚 0.35 mm。

（三）绕组计算

电源频率为 50 Hz 的变压器，则近似地得到

$$N = \frac{U}{4.44 \times 50 B_{\text{m}} A K_{\text{Fe}} \times 10^{-8}} = \frac{4.5 \times 10^5 U}{B_{\text{m}} A K_{\text{Fe}}}$$

式中　B_{m}——铁芯磁密，G_{S}；

　　　K_{Fe}——考虑铁芯叠压时有叠片间隙而引入的叠压系数，一般取 0.92~0.95。

1 V 电压的匝数，即每伏匝数为 $N_0 = \dfrac{4.5 \times 10^5}{B_{\text{m}} A K_{\text{Fe}}}$。则变压器一次侧匝数为 $N_1 = N_0 U_1$。二次侧匝数为 $N_2 = N_0 U_2 (1.05 \sim 1.10)$。考虑内部漏阻抗压降，需适当增加一些匝数，以使二次侧电压在额定负载时能保持额定值。绕组导线截面积，根据电流和电流密度来决定。一次与二次绕组电流分别为

$$I_1 = \frac{(1.1 \sim 1.2) S_1}{U_1}$$

考虑到 I_1 中还应包括励磁分量

$$I_2 = \frac{S_2}{U_2}$$

一次绕组导线截面积为

$$F_1 = \frac{I_1}{\Delta_1}$$

式中 Δ_1——原边绕组导线电流密度,对于干式自冷变压器可取 $1.8 \sim 2.5 \ A/mm^2$(具体可查有关手册)。

二次侧导线截面积为

$$F_2 = \frac{I_2}{\Delta_2}$$

式中 Δ_2——二次侧绕组导线的电流密度,可与一次侧绕组导线电流密度 Δ_1 取相同值。

(四)绝缘材料选择

绕组的绝缘材料可查阅电工手册。

(五)绕制工艺要点

①导线和绝缘材料的选用。

②绕组的引出线,如图 3.15 所示。

③绕线的方法,如图 3.16 所示。拉力的大小视导线粗细而定,务必使导线排齐、排紧。

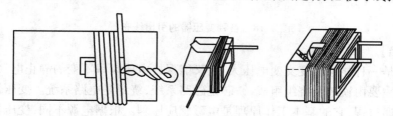

图 3.15 利用原线作引出线

④层间绝缘的安放,如图 3.17 所示。

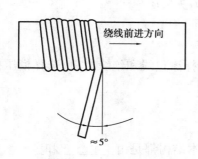

图 3.16 绕线的方法

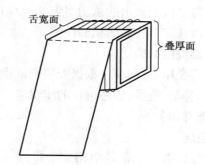

图 3.17 层间绝缘的安放

⑤静电屏蔽层的安放。

静电屏蔽层的材料为纯铜皮(俗称紫铜皮),其宽度应略窄于骨架宽度,长度应略小于绕组一周。

⑥绕组的抽头。绕组的抽头分中间抽头和中心抽头两种。当变压器有两个或两个以上有电气连接的绕组时,须制作中间抽头。

⑦绕组的质量检查。绕组绕制完成后,应进行以下项目检查:

a.匝数检查。可用匝数试验器检查其匝数或用电桥测量其直流电阻。

b.尺寸检查。测量绕组各部分的尺寸,要求与设计相符,并保证与铁芯装配。

c.外观检查。检查绕组引出线有无断线或脱焊,绝缘是否良好及有无机械损伤等。

（六）铁芯装配工艺要点

①硅钢片含硅量的检查。

②铁芯的插片。

③抢片与错片的处理。

④铁芯的紧固,如图3.18所示,要求焊接良好、连接可靠。

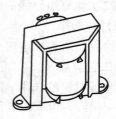

（a）立式变压器　　　（b）卧式变压器　　　（c）夹式变压器

图3.18　各种变压器的引出线布置

【任务小结】

①变压器是一种能够改变交变电压大小,又能保持电压频率不变的静止电气设备。

②变压器主要由铁芯及绕组组成,铁芯是磁路系统,绕组是电路系统。变压器的工作过程是一个能量传递过程,它的基本工作原理是电磁感应原理。根据电源不同,变压器可分为单相变压器和三相变压器。

③变压器的作用:变压、变流、变阻抗、变相位。

④变压器二次侧输出的总功率为 $S_2 = U_2 I_2 + U_3 I_3 + U_4 I_4 + \cdots$

⑤变压器铁芯芯柱截面积的计算。

⑥变压器绕组的确定。

⑦在进行变压器绕制时,根据安装调试步骤:选择漆包线和绝缘材料、选择模压框线或片制木芯、制作骨架、绕线、铁芯镶片的步骤来完成。

【思考与练习】

一、填空题

1.小型变压器一般都是单相变压器,它们的基本结构都是由_____和_____两部分组成。

2.铁芯分_____和_____（连接两个铁芯柱的部分）两部分,铁芯柱上套装绕组,铁轭的作用是使_____。

3.绕组是变压器的电路部分,常用红丝铜线或铝线绕制而成。接电源的绕组称为_____,与负载相接的绕组称为_____。

4.变压器一次与二次绕组中的感应电动势之比等于其匝数之比。当 $K > 1$ 时,_____,为降压变压器;当_____时,$U_1 < U_2$,为升压变压器。

5.变压器一次与二次绕组中的电流之比等于其匝数比的倒数。匝数较多的高压侧绕组中的电流_____;反之匝数较少的低压侧绕组中的电流_____。

6.在电子电路中,为了提高信号的传输功率,常用变压器将负载阻抗变换为适当的数值,使其与放大电路的输出阻抗相匹配,这种做法称为_____。

二、简答题

1. 在绕制变压器时,如何选择漆包线?
2. 简述变压器绕线过程。
3. 简述变压器绕制工艺要点。

任务二　小型变压器的测试

小型变压器经制作或重绕修理后,为了保证制作或修理质量,必须对变压器进行一系列的检查和试验。因此,要求掌握小型变压器的测试技术、常见故障的分析与处理方法。

【工作过程】

工作步骤		工作内容
收集信息	资信	变压器绕组的极性 变压器的外特性 变压器的损耗、效率和冷却方式
决策计划	决策计划	检查和试验的项目与方法 绕组的通断检查 绝缘电阻的测定 空载电压的测定 空载电流的测定 损耗与温升的测定 变压器绕组的极性试验
组织实施	实施	小型变压器绕组检查 小型变压器的故障分析与排除 小型变压器的极性判断和空载试验
检查评估	检查评估	考核方案设计 成果汇报或调试 成果展示(实物或报告):写出本项目的完成报告 师生互动(学生汇报、教师点评) 考评组打分

一、收集信息

(一)外观质量检查

①绕组绝缘是否良好、可靠。
②引出线的焊接是否可靠、标志是否正确。

③铁芯是否整齐、紧密。

④铁芯的紧固是否均匀、可靠。

（二）绕组的通断检查

一般可用万用表或电桥检查各绕组的通断及直流电阻。当变压器绕组的直流电阻较小时,尤其是导线较粗的绕组,用万用表很难测出是否有短路故障,必须用电桥检测。

如没有电桥时,也可用简易方法判断:在变压器一次绕组中串入一只灯泡,其电压和功率可根据电源电压和变压器容量确定,若变压器容量在 100 V·A 以下时,灯泡可用 25~40 W。二次绕组开路,接通电源,若灯泡微红或不亮,说明变压器无短路;若灯泡很亮,则表明一次绕组有短路故障,应拆开绕组检查短路点。

（三）绝缘电阻的测定

用兆欧表测量各绕组间、绕组与铁芯间、绕组与屏蔽层间的绝缘电阻,对于 400 V 以下的变压器,其值应不低于 50 MΩ。

（四）空载电压的测定

测试线路如图 3.19 所示。将待测变压器接入线路,断开 S_2,接通电源使其空载运行,当一次电压加到额定值时,V_2 的读数即为该变压器的空载电压。各绕组的空载电压允许误差为:二次高压绕组误差范围为 ±5%;二次低压绕组误差范围为 ±5%;中心抽头电压误差范围为±2%。

（五）空载电流的测定

接通电源使变压器空载运行,当一次电压加到额定值时,电流表 A 的读数即为空载电流。一般变压器的空载电流为额定电流值的 5%~8%,若空载电流大于额定电流的 10% 时,损耗较大;当空载电流超过额定电流的 20% 时,它的温升将超过允许值,不能使用。

（六）损耗与温升的测定

若要求进一步测定其损耗功率与温升时,可仍按图 3.19 测试线路进行。在被测变压器未接入线路前,合上开关 S_1(见图 3.19),调节调压器 T 使它的输入电压为额定电压,此时功率表的读数为电压表、电流表的功率损耗 P_1。将被测变压器接在 a、b 两端,重新调节调压器 T,直至 V_1 的读数为额定电压,这时功率表的读数为 P_2,则空载损耗功率为 $P_2 - P_1$。

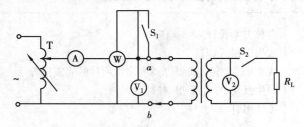

图 3.19 变压器测试

先用万用表或电桥测量一次绕组的冷态直流电阻 R_1(因一次绕组常在变压器绕组内层,散热差、温升高,以它为测试对象较为适宜)。然后加上额定负载,接通电源,通电数小时后切断电源,再测量一次绕组热态直流电阻值 R_2。这样连续测量几次,在几次热态直流电阻值近似相等时,即可认为所测温度是终端温度,并用下列经验公式求出温升 ΔT 的数值:$\Delta T =$

$\dfrac{R_2 - R_1}{3.9 \times 10^{-3} R_1}$，要求温升不得超过50K。

（七）变压器绕组的极性

变压器绕组的极性是指变压器一次、二次绕组在同一磁通作用下所产生的感应电动势之间的相位关系，通常用同名端来标记。

如图3.20所示，铁芯上绕制的所有线圈都穿过铁芯中交变的主磁通，在任意某个瞬间，电动势都处于相同极性（如正极性）的线圈端就称同名端；而另一端就成为另一组同名端，它们也处于同极性（如负极性）。不是同极性的两端就称为异名端。例如，在交变磁通 $\varPhi$ 的作用下，感应电动势 E_1 和 E_2 的正方向所指的 $1U_2$、$2U_2$ 是一对同名端，$1U_2$ 与 $2U_2$ 也是同名端。应该指出不是被同一个交变磁通所贯穿的线圈，它们之间就不存在同名端的问题。

同名端的标记有多种，例如，用星号"＊"或点"·"来表示，在互感器绕组上常用"＋"和"－"来表示（并不表示真正的正负意义）。

绕组之间进行连接时，极性至关重要。一旦极性接反，轻则不能正常工作，重则导致绕组和设备严重损坏。绕组串联时，必须异名端相连绕组并联时，必须同名端相连。

（八）变压器绕组的极性试验

单相变压器的极性试验，就是测定其同极性端点以及它所属的连接组，试验线路如图3.21所示。用电压表测量端点 A 和 a 之间电压 U_{Aa} 和一二次电压 U_{AX} 和 U_{ax}，如果 U_{Aa} 的数值是 U_{AX} 和 U_{ax} 两数值之差，称为"减极性"，表示 U_{AX} 和 U_{ax} 同相，是 I、I_{12} 连接组。如果 U_{Aa} 是 U_{AX} 和 U_{ax} 两数值之和，称为"加极性"，表示 U_{Aa} 的相位差为180°，是 I、I_{16} 连接组。

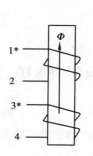

图3.20　绕组的极性

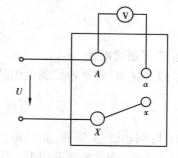

图3.21　单项变压器的极性测试

二、决策计划

确定工作组织方式，划分工作阶段，分配工作任务，讨论安装调试工艺流程和工作计划，填写工作计划表及材料工具清单，分别见表3.4和表3.5。

表3.4　工作计划表

项目三/任务二		小型变压器的测试		学时：
组长		组员		
序号	工作内容	人员分工	预计完成时间	实际工作情况记录
1	明确任务			

续表

项目三/任务二		小型变压器的测试		学时：
组长		组员		
序号	工作内容	人员分工	预计完成时间	实际工作情况记录
2	制订计划			
3	任务准备			
4	实施装调			
5	检查评估			
6	工作小结			

表3.5　材料工具清单

工具						
仪表						
器材						
元件	名称	代号	型　号		规　格	数　量

三、组织实施

（一）小型变压器测试准备

在小型变压器测试前，应准备好调试用的工具、材料和设备，并做好工作现场和技术资料的准备工作。

1. 工具

测试所需工具：钢丝钳、尖嘴钳、斜口钳、剥线钳、一字螺丝刀、十字螺丝刀（3.5 mm）、电工刀、起子（3.5 mm）等各1把，数字万用表1块、锯弓1把。

2. 材料和器材

常用电工工具、绕线机、旧变压器、导线、绝缘材料、交流电压表、交流电流表、功率表、兆欧表。

3. 工作现场

现场工作空间充足，方便进行安装调试，工具、材料等准备到位。

4. 技术资料

小型变压器测试的视频资料、变压器相关参考书、网络资源。

小型变压器的测试工艺流程如下：

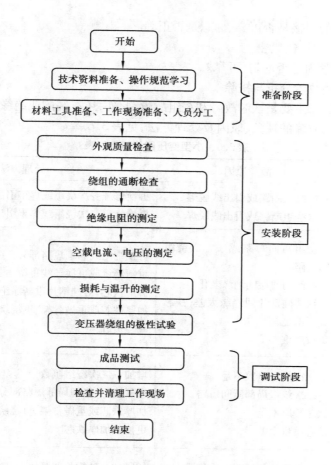

(二)工艺要求

①绕组绝缘是否良好、可靠。

②引出线的焊接是否可靠、标志是否正确。

③铁芯是否整齐、紧密。

④铁芯的紧固是否均匀、可靠。

(三)安全要求

①绕组的通断检查时,正确使用万用表。

②绝缘电阻的测定,正确使用兆欧表。

③处理变压器故障时,仔细观察故障现象,认真分析故障原因,确定故障范围,采用正确的方法排除故障。

④在进行空载电压和空载电流的测定时,正确连接电路,正确使用仪表和电源。

⑤变压器绕组的极性试验时,正确连接电路,正确使用仪表和电源。

(四)安装调试的步骤

1.小型变压器绕组检查

步骤1:绕组绝缘是否良好、可靠。

步骤2：引出线的焊接是否可靠、标志是否正确。

步骤3：铁芯是否整齐、紧密。

步骤4：铁芯的紧固是否均匀、可靠。

2. 小型变压器的故障分析与排除

小型变压器的故障主要是铁芯故障和绕组故障，此外，还有装配或绝缘不良等故障。此处介绍小型变压器常见故障的现象、原因及处理方法，见表3.6。

表3.6　小型变压器故障处理表

故障现象	故障原因	处理方法
电源接通后无电压输出	一次绕组断路或引出线脱焊 二次绕组断路或引出线脱焊	拆换修理一次绕组或焊牢引出线接头 拆换修理二次绕组或焊牢引出线接头
温升过高或冒烟	绕组匝间短路或一二次绕组间短路 绕组匝间或层间绝缘老化 铁芯硅钢片间绝缘太差；铁芯叠厚不足 负载过重	拆换绕组或修理短路部分 重新绝缘或更换导线重绕 拆下铁芯，对硅钢片重新涂绝缘漆 加厚铁芯或重做骨架、重绕组 减轻负载
空载电流偏大	一二次绕组匝数不足 一二次绕组局部匝间短路 铁芯叠厚不足 铁芯质量太差	增加一二次绕组匝数 拆开绕组，修理局部短路部分 加厚铁芯或重做骨架、重绕组 更换或加厚铁芯
运行中噪声过大	铁芯硅钢片未插紧或未压紧 铁芯硅片不符合设计要求 负载过重或电源电压过高 绕组短路	插紧铁芯硅钢片或紧固铁芯 更换质量较高的同规格硅钢片 减轻负载或降低电源电压 查找短路部位，进行修复
二次电压下降	电源电压过低或负载过重 二次绕组匝间短路或对地短路 绕组对地绝缘老化绕组受潮	增加电源电压，使其达到额定值或降低负载 查找短路部位，进行修复 重新绝缘或更换绕组 对绕组进行干燥处理
铁芯或底板带电	一次或二次绕组对地短路或一二次绕组间短路 绕组对地绝缘老化 引出线头碰角铁芯或底板 绕组受潮或底板感应带电	加强对地绝缘或拆换修理绕组 更新绝缘或更换绕组 排除引出线头与铁芯或底板的短路点 对绕组进行干燥处理或将变压器置于环境干燥场合使用

3.小型变压器的极性判断和空载试验

步骤1：小型变压器的极性判断如图3.21所示。用电压表测量端点 A 和 a 之间的电压 U_{Aa} 和一二次电压 U_{AX} 和 U_{ax}，如果 U_{Aa} 的数值是 U_{AX} 和 U_{ax} 两数值之差，称为"减极性"，表示 U_{AX} 和 U_{ax} 同相，则 A、a 为同极性端。如果 U_{Aa} 是 U_{AX} 和 U_{ax} 两数值之和，称为"加极性"，表示 U_{Aa} 的相位差为 $180°$，则 A、a 为异极性端。

步骤2：空载电压测试线路如图3.20所示。将待测变压器接入线路，断开 S_2，接通电源使其空载运行，当一次电压加到额定值时，V_2 的读数即为该变压器的空载电压。

步骤3：空载电流测试线路如图3.19所示。接通电源使变压器空载运行，当一次电压加到额定值时，电流表 A 的读数即为空载电流。

四、检查评估

评分内容	评分标准	配分	得分
变压器绕组检查与故障排除	绕组通断检查不熟练扣5分；绝缘检查不熟练扣5分；故障原因分析不清楚每次扣15分，两次扣完	40	
变压器空载试验	空载电压测量错误扣5分；空载电流测量错误扣5分；功率表接线错误扣5分	15	
变压器极性判断	接线错误扣15分；判断错误扣10分	25	
团结协作	小组成员分工协作不明确扣5分；成员不积极参与扣5分	10	
安全文明生产	违反安全文明操作规程扣5～10分	10	
项目成绩合计			
所用时间	结束时间		
评语			

【知识拓展】

变压器工作特性

（一）变压器的外特性

变压器一次侧输入额定电压，二次侧负载功率因素为常数时，二次侧输出电压与输出电流的关系称为变压器的外特性，也称为输出特性。

1.变压器的外特性曲线

如图3.22所示为变压器的外特性曲线，图中 I_{2N} 是二次侧的额定电流，U_{2N} 是二次侧的额定电压（空载电压）。当二次侧接电阻性负载或感性负载时，外特性曲线是下降的；当二次侧接容性负载时，外特性曲线是上升的。影响外特性的主要因素是一次绕组的组抗 Z_{S1}、二次绕组的阻抗 Z_{S2} 和二次侧的功率因数 $\cos \varphi_2°$。由变压器的外特性曲线可知：二次侧负载的功率因数越大，输出电压的稳定性越好。

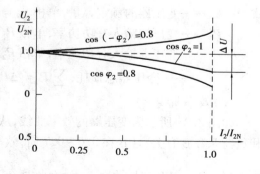

图3.22　变压器外特性曲线

2. 电压调整率

一般情况下,负载都是感性的,因此变压器的输出电压 U_2 随输出电流 I_2 的增加而略有下降。通常用电压调整率 $\Delta U\%$ 来表示电压变化的程度。电压调整率定义为:一次侧为额定电压,负载功率因数为常数时,二次侧空载电压与负载时压电之差对空载电压的百分值,即

$$\Delta U\% = \frac{U_{2N} - U_2}{U_{2N}} \times 100\%$$

式中　U_{2N}——变压器二次侧的额定电压(即二次侧的空载电压);

U_2——变压器二次侧额定电流时的输出电压。

一般情况下,照明电源电压波动不超过 $\pm 5\%$,动力电源电压波动不超过 $5\% \sim 10\%$ 。

(二)变压器的损耗、效率和冷却方式

1. 铁损

铁损包括涡流损耗和磁滞损耗。当电源频率和铁芯材料一定时,根据 $\Delta P_{Fe} \propto \Phi_m^2$,所以只要 U_1 电源电压不变,Φ_m 也基本不变,铁损为常数,可看成是不变损耗,且近似等于空载损耗,即 $\Delta P_{Fe} = \Delta P_0 = U_{1N}I_0 \cos \varphi_1$,空载电流 I_0 为 I_{1N} 的 $2\% \sim 10\%$ 。

2. 铜损

绕组中通过电流发热而产生的损耗称为铜损。铜损 ΔP_{Cu} 随负载电流变化,故也称可变损耗,额定电流时的铜损等于短路损耗。所谓短路损耗,就是当二次侧短路时,调节一次侧输入电压使一次侧电流为额定电流,这时,一次侧的输入电压即为短路电压,此时输入功率即为短路损耗

$$\Delta P_K = U_K I_{1N} \cos \varphi_1$$

则

$$\Delta P_{CuN} = \Delta P_K = U_K I_{1N} \cos \varphi_1$$

变压器如果没有满载时,设负荷系数 $\beta = \dfrac{I_2}{I_{2N}}$,则 $\Delta P_{Cu} \approx \beta^2 \Delta P_K$ 。

3. 效率

(1)效率公式

$$\eta = \frac{P_2}{P_1} = 1 - \frac{\sum P}{P_1} = 1 - \frac{\sum P}{P_1 + \sum P} = 1 - \frac{\Delta P_0 + \beta^2 \Delta P_K}{\beta S_N \cos \varphi_2 + \Delta P_0 + \beta^2 \Delta P_K}$$

式中　S_N——变压器的额定容量,单相 $S_N = U_{1N}I_{1N} = U_{2N}I_{2N}$,kW;

P_1——变压器输入有功功率,单相 $P_1 = U_1 I_1 \cos \varphi_1$,kW;

P_2——变压器输入有功功率,单相 $P_2 = U_2 I_2 \cos \varphi_2 \approx \beta S_N \cos \varphi_2$,kW;

$\sum P$——变压器总损耗,$\sum P = \Delta P_{Fe} + \Delta P_{Cu}$,kW。

(2)效率曲线

如图 3.23 所示为变压器的效率曲线,从效率曲线上可知,变压器的效率与负载功率因数和负荷系数 β 有关,且 β 在 $0.6 \sim 0.7$ 时,效率较高。

当 $\Delta P_{Fe} = \Delta P_{Cu}$ 时,效率 η 最大,此时 $\beta_m = \sqrt{\dfrac{\Delta P_0}{\Delta P_K}}$ 。

在负荷系数 β 相同的条件下,负载功率因数 $\cos\varphi_2$ 越大,效率越高。

（3）冷却方式

小型变压器一般采取自冷(干式)或风冷。

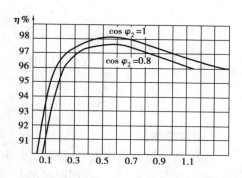

图3.23　变压器的效率曲线

【任务小结】

①变压器绕组的极性是指变压器一次、二次绕组在同一磁通作用下所产生的感应电动势之间的相位关系,通常用同名端来标记,铁芯上绕制的所有线圈都穿过铁芯中交变的主磁通,在任意某个瞬间,电动势都处于相同极性的线圈端就称同名端;而另一端就成为另一组同名端,它们也处于同极性。

②变压器一次侧输入额定电压,二次侧负载功率因素为常数时,二次侧输出电压与输出电流的关系称为变压器的外特性,也称为输出特性。

③小型变压器经制作或重绕修理后,为了保证制作或修理质量,必须对变压器进行一系列的检查和试验。主要包括外观质量检查、绝缘电阻的测定、空载电压的测定、空载电流的测定、损耗与温升的测定、变压器绕组的极性试验。

【思考与练习】

一、填空题

1.变压器绕组的极性是指变压器一次、二次绕组在同一磁通作用下所产生的_____之间的相位关系,通常用同名端来标记。

2.铁芯上绕制的所有线圈都穿过铁芯中交变的主磁通,在任意某个瞬间,电动势都处于相同极性(如正极性)的线圈端就称_____;不是同极性的两端就称为_____。

3.变压器一次侧输入额定电压,二次侧负载功率因素为常数时,二次侧输出电压与输出电流的关系称为变压器的外特性,也称为_____。

4.变压器的铁损包括_____和_____。

5.绕组中通过电流发热而产生的损耗称_____。铜损 ΔP_{Cu} 随负载电流变化,故也称_____。

6.当二次侧_____时,调节一次侧输入电压使一次侧电流为_____,这时一次侧的输入电压即为_____,此时输入功率即为短路损耗。

二、简答题

1.如何进行变压器绕组的通断检查?

2.如何测定变压器的绝缘电阻?

3.如何测定变压器的空载电压和空载电流?

4.如何判别变压器绕组的极性?

项目四　常用低压电器拆装

【项目描述】

低压电器作为基本电器元件广泛用于工矿企业、电力输电、发电厂、变电站、交通运输、电力拖动等行业及系统中,在国民经济及工农业生产中发挥着重要作用,学习好低压电器的基本知识是从事电力、电气行业技术所必需的。

低压电器是指工作在交流 1 200 V 及以下,直流 1 500 V 及以下电路中的电器,在电路中起通断、控制、转换、调节和保护等作用。

低压电器的种类繁多,就其用途或所控制的对象可概括为低压配电电器和低压控制电器两大类:见表4.1。

表 4.1　低压电器的种类

	类　型	用　途	常见电器名称
低压电器	低压配电电器	用于电能输送和分配的电器	刀开关、熔断器、转换开关、断路器等
	低压控制电器	用于各种控制电路和系统完成某种动作或传送某种功能的电器	接触器、控制继电器、主令电器、控制器、启动器、电磁铁等

【项目要求】

知识:

➢ 能熟知各低压开关的结构、特点、用途及工作原理;

➢ 能熟知常用低压熔断器的分类、结构、型号及用途;

➢ 能熟知主令电器的分类、作用、型号及结构;

➢ 能熟知接触器的分类、结构、型号、工作原理及用途;

➢ 能熟知常用继电器的分类、结构、型号及用途。

技能:

➢ 能正确选用、安装和检修各低压开关;

➢ 能根据线路需要正确选择熔断器;

➢ 能根据线路需要正确选择主令电器;

➢ 能正确拆装、检修交流接触器,能根据线路需要选择接触器;

➢ 能正确识别继电器,能根据线路需要选择继电器;

➢ 能正确校验时间继电器和热继电器。

情感态度:

➤ 能积极参与各种教学实践活动,分享活动成果;

➤ 能以良好的学习态度、团结合作、协调完成教学活动;

➤ 能自觉遵守课堂纪律,维持课堂秩序;

➤ 具有较强的节能、安全、环保和质量意识。

任务一　低压开关的拆装

在教室里,需要开灯或关灯时,会用到开关;开启或关闭电扇时,也会用到开关。开关的作用就是接通或断开电路,从而控制电灯、电扇的启停。因此,对于开关而言大家并不陌生,但这里说的低压开关大家不一定都知道,低压开关是一种手动操作控制电器,它具有结构简单、使用方便的特点。根据学校实习设备实际,在考虑经济、合理和安全的情况下,制订低压开关拆装及维修计划,正确选择工具,与他人合作或独立拆装维修低压开关,保证拆装后低压开关的电性能不会降低。

【工作过程】

工作步骤		工作内容
收集信息	资信	获取以下信息和知识: 低压开关的分类 低压开关的结构、作用、型号、电气符号及选用 低压开关的安装、维修与调试
决策计划	决策	确定低压开关种类和数量 确定低压开关的拆装、维修及调试方法及工序 确定拆装、维修与调试低压开关的工具
	计划	编制低压开关拆装、调试计划 填写低压开关拆装、调试所需材料、工具清单
组织实施	实施	拆装前对低压开关的外观(包括每一螺钉、接线桩等)、型号规格、数量、标志、技术文件资料进行检验 根据低压开关拆装规范要求,正确选定拆装步骤 拆卸过程中应作好标记,便于拆卸完成后进行装配 拆装完成后应进行检测、调试
检查评估	检查	低压开关拆装后各部件位置是否正确,各部件是否牢固,动作是否灵活
	评估	低压开关拆装、维修、调试等的实施情况 低压开关拆装的质量 团队精神 工作反思

一、收集信息

(一)低压开关分类

"●"表示机床电路中常用的低压开关。

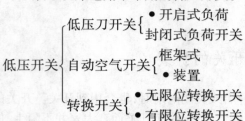

(二)低压刀开关

刀开关是应用最为广泛的一种手动操作电器,它具有结构简单、使用方便的特点。串接于电路中作电源隔离开关,常用于小容量电动机的直接启动和停止,小电流配电路的接通和断开。刀开关的种类繁多,在电力拖动控制线路中最常用的是由刀开关和熔断器组合而成的负荷开关。负荷开关分开启式负荷开关和封闭式负荷开关。

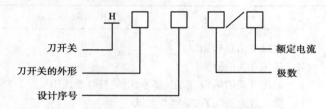

图4.1　刀开关型号

1.刀开关的型号及意义

刀开关的型号意义如图4.1所示。常见刀开关的形式命名字符及意义见表4.2。

表4.2　常见刀开关的形式命名字符及意义

字符	D	H	K	R	S	Y	Z
意义	单投式	半封闭式	开启式	熔断器式	双投式	倒顺开关	组合开关

例如,HD13—500/31:单投式刀开关,额定电流为500 A,3级带有灭弧罩。

2.开启式负荷开关(HK系列)

如图4.2所示,HK系列开启式负荷开关的外形、构成、符号,又称瓷底胶盖刀开关,简称刀开关。它的结构简单,价格便宜,手动操作,适用于交流频率50 Hz、额定电压单相220 V或三相380 V、额定电流10～100 A的照明电路、电热设备及小容量电动机等不需要频繁接通或分断电路的控制电路中,并兼短路保护作用。

接线时,进线座接电源进线,出线座接负载,拉闸和合闸时动作要迅速,以利于灭弧,减小刀片和触座的灼损。

安装时,必须垂直安装,手柄朝上为合闸,不能平装和倒装,以防止闸刀松动,产生误合闸。

选用时,用于照明和电热负载,选用额定电压220 V或250 V、额定电流不小于电路所有负载额定电流之和的两极开关;用于控制电动机的直接启动和停止,选用额定电压 380 V 或 500 V、额定电流不小于电动机额定电流 3 倍的三极开关。

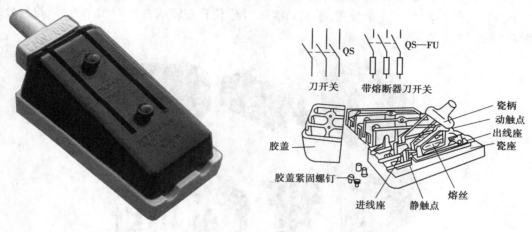

图 4.2　刀开关

（三）转换开关

转换开关根据旋转角度不同分为无限位转换开关和有限位转换开关两种。

1. 无限转换开关

无限转换开关是指在 360°范围内可随易转动,它是在刀开关的基础上改装而成的,是由多层触头组装而成,因此又称组合开关。其特点是体积小、重量轻、安装占地面积小、接线灵活、操作方便等,主要用于交流频率 50 Hz、电压 380 V 及以下,或直流 220 V 及以下的电气线路中,用于手动不频繁接通或分断电路、换接电源和负载,或控制 5 kW 以下电动机的启动和停止,其外形、结构、符号如图 4.3 所示。

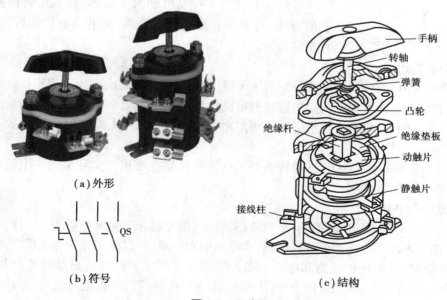

图 4.3　组合开关

2. 有限位转换开关

有限位转换开关又称倒顺开关,专为控制小容量三相异步电动机的正反转而设计产生的,开关手柄有"倒""停""顺"3个位置,手柄只能从"停"位置左转或右转45°,其外形、符号分别如图4.4和图4.5所示。

图4.4 倒顺开关

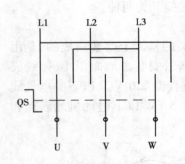

图4.5 倒顺开关符号

转换开关的使用注意事项:

①转换开关本身不带过载和短路保护装置,在它所控制的电路中,必须另外加装保护设备,才能保证电路和设备安全。

②转换开关控制的用电设备功率因素较低时,应按容量等级降低使用,以利于延长其使用寿命。

③转换开关用于控制电动机正反转,在从正转切换到反转的过程中,必须先经过停止位置,待电动机停转后,再切换到反转位置。

转换开关的选用:

选用转换开关时,应根据用电设备的耐压等级、容量和极数等综合考虑。用于控制照明或电热设备时,其额定电流应等于或大于被控制电路中各负载电流之和。用于控制小型电动机不频繁的全压启动时,其容量应大于电动机额定电流的1.5~2.5倍,每小时切换次数不宜超过15~20次。

【想一想】 负荷开关(刀开关)与转换开关的主要区别在哪里?实际生产或生活中哪些地方用到这两种开关,试举例。

(四)自动空气开关

自动空气开关又称为低压断路器,简称断路器。它集控制和多种保护功能于一体,在线路工作正常时,作为电源开关接通或分断电路;当电路中发生短路、过载和失压等故障时,能自动跳闸切断故障电路,从而保护线路和电气设备。如图4.6所示为低压断路器的外形和符号。低压断路器具有操作安全、安装使用方便、工作可靠、动作值可调、分断能力较高、兼作多种保护、动作后不需更换元件等优点,因此得到广泛应用。

低压断路器种类繁多,按结构形式可分为塑壳式、万能式、限流式、直流快速式、灭磁式和漏电保护式等;按操作方式可分为人力操作式、动力操作式和储能操作式;按极数可分为单极、二极、三极和四极;按安装方式可分为固定式、插入式和抽屉式;按用途可分为配电用断路器、电动机保护用断路器和其他负载用断路器等。这里以 DZ5-20 型塑壳式低压断路器为例来介绍 DZ 系列低压断路器的结构、型号、安装接线、工作原理及选用。

1. 低压断路器的结构

主要有触点、各种脱扣器和操作机构。全部机构装在塑料壳内,外壳上有"分"按钮(红色,稍低)和"合"按钮(绿色,稍高)、触点接线柱。

一般采用立体布置,操作机构在中间,外壳顶部突出红色分断按钮和绿色停止按钮,通过储能弹簧连同杠杆机构实现开关的接通和分断。壳内底座上部为热脱扣器,由热元件和双金属片构成,作过载保护;下部为电磁脱扣器,由电流线圈和铁芯组成,作短路保护用;主触点系统在操作机构的下面,由动触点和静触点组成,用以接通和分断主电路,并采用栅片灭弧。另外,辅助动合触点和动断触点各一对,可用作信号指示或控制电路用。主、辅触点接线柱伸出壳外,便于接线。

图 4.6　常见低压断路器

2. 型号及意义

低压断路器的型号及意义如下:

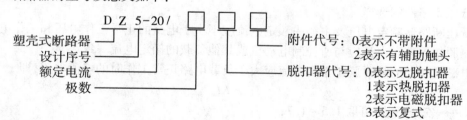

3. 安装接线

断路器应垂直于配电板安装,电源引线应接到上端,负载引线接到下端;断路器用作电源总开关或电动机的控制开关时,在电源进线侧必须加装刀开关或熔断器,以形成明显的断点;使用过程中若遇到分断短路电流,应及时检查触点系统,若发现电灼烧痕,应及时修理或更换。

4. 工作原理

如图 4.7 所示为 DZ5-20/330 结构示意图。三对主触头串接在被控制的三相主电路中,当按下绿色"合"按钮时,通过操作机构使主触闭合。

电路正常工作时,电磁脱扣器线圈产生的电磁吸力不足将衔铁吸合,主触头保持闭合;当电路发生短路故障时,短路电流通过电磁脱扣器线圈,会产生很强的电磁吸力,将衔铁吸合,并

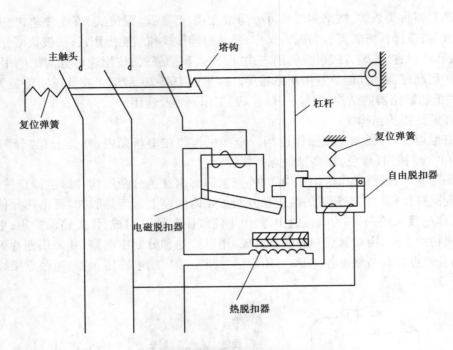

图 4.7　断路器结构示意图

撞击杠杆将搭钩往上顶,使其脱钩,在复位弹簧作用下,主触头分断,切断电源,对电路进行短路保护;当电路发生过载时,过载电流通过热脱扣器热元件,使双金属片受热弯曲,将杠杆上顶,使搭钩脱钩,在复位弹簧作用下,主触头分断,切断电源,对电路进行过载保护。

【练一练】　试分析电路中电压不足或突然断电时,低压断路器的动作过程。

【想一想】　DZ5-20/330 断路器既然能作短路、过载、欠压或失压保护,在电路中是否不用其他保护措施,直接就用一只断路器就行了。

5. 低压断路器的选择

①低压断路器额定电压及主触头额定电流应不小于电路的正常工作电压和工作电流。

②热脱扣器整定电流应与所控制电动机或其他负载的额定电流一致。

③电磁脱扣器的瞬时脱扣整定电流应大于负载电路正常工作时的峰值电流,即

$$I_z \geqslant KI_{st}$$

式中　　K——安全系数,可取 1.5 ~ 1.7;

　　　　I_{st}——电动机启动电流;

　　　　I_z——电磁脱扣器瞬时整定电流。

注:电磁脱扣器瞬时整定电流一般为热脱扣器整定电流的 8 ~ 12 倍(出厂时整定于 10 倍)。

【练一练】　用低压断路器控制一台三相异步电动机,电动机的额定电压为 380 V,额定电流为 11.6 A,额定功率为 5.5 kW,启动电流为额定电流的 7 倍,试选择断路器型号和规格。

二、决策计划

确定工作组织方式、划分工作阶段、分配工作任务、讨论拆装调试工艺流程,并填写工作计划表和材料工具清单,分别见表 4.3 和表 4.4。

表4.3 工作计划表

项目四/任务一		低压开关的拆装		学时：	
组长		组员			
序号	工作内容	人员分工	预计完成时间	实际工作情况记录	
1	明确任务				
2	制订计划				
3	任务准备				
4	实施装调				
5	检查评估				
6	工作小结				

表4.4 材料工具清单

工具					
仪表					
器材					
元件	名称	代号	型号	规格	数量

三、组织实施

拆装调试过程中必须遵守哪些规定/规则	国家相应规范和政策法规、企业内部规定
拆装调试前的准备	在拆装前,应准备好拆装、维修调试用的工具、材料和设备,并做好工作现场和技术资料的准备工作
在拆装刀开关时应注意哪些事项	
在拆装组合开关时应注意哪些事项	
在安装和调试断路器时应特别注意哪些事项	
如何检查拆装后的低压开关	
在安装和调试过程中,采用何种措施减少材料的损耗	分析工作过程,查找相关网站

拆装、维修调试低压开关工艺流程如下：

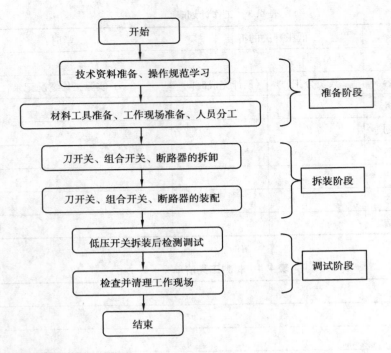

(一)拆装、维修调试准备

在拆装低压开关前,应准备好拆装要用的工具、开关设备,并做好工作现场和技术资料的准备工作。

1. 工具

拆装所需工具:活络扳手、尖嘴钳、一字螺丝刀、十字螺丝刀(3.5 mm)、镊子等各 1 把,兆欧表、万用表、工具箱各 1 个。

2. 材料和器材

刀开关、组合开关、塑壳式自动空气开关各 1 个。

3. 工作现场

现场工作空间充足,方便进行拆装调试,工具、材料等准备到位。

4. 技术资料

各低压开关的使用说明书。工作计划表、材料工具清单。

(二)拆装工艺要求

①工具、材料及各元器件准备齐全。

②工具使用方法正确,不损坏工具及各元器件。

③拆卸过程中,应备有盛放零件的容器,以防零件丢失。

④拆卸过程中,不允许硬撬,以防损坏电器。

(三)拆装调试的安全要求

①拆装前应仔细阅读每个低压开关的使用说明书,尤其是安全规则。

②拆装各低压开关时,拆卸时可按顺序放置各部件,然后按逆顺序装配。

③操作时应注意工具的正确使用,不得损坏工具及元器件。

④拆装完成后,使用兆欧表检测绝缘电阻时,要认真阅读其使用说明,按安全规程要求操作,确保人身及设备的安全。

(四)拆装调试的步骤

①根据说明书,认识各低压开关的结构,熟悉各部件名称,确定拆卸步骤。

②选择工具。

③拆卸低压开关,按照拆卸顺序放置零部件。

④装配低压开关,按照拆卸的逆顺序进行装配。

⑤检测拆装后低压开关动触头和静触头的位置是否正确。

⑥对维修和装配好的低压开关进行通断电试运行,检查是否合格。

1. 刀开关拆装步骤

步骤1:旋下胶盖固定螺钉,取下上、下两胶盖,观察内部结构。

步骤2:观察各接线端是否松动、不到位,表面是否氧化、有污物等,若有,应排除;

步骤3:合上刀开关,用万用表电阻挡检查相关部件是否导通,若不通,则查明原因及时排除。

步骤4:按拆卸逆过程进行装配。

2. 组合开关拆装与维修步骤

步骤1:松去手柄,紧固螺钉,取下手柄。

步骤2:松去支架,紧固螺母,取下顶盖、转轴弹簧和凸轮等操纵机构。

步骤3:抽出绝缘杆,取下绝缘垫板上盖。

步骤4:拆卸三对动、静触头。

步骤5:检查触头有无烧毛,如有烧毛,则用0号砂布或砂纸进行修理或更换损坏的触头。

步骤6:检查转轴弹簧是否枪松脱,检查消弧垫是否严重磨损,根据情况更换新的。

步骤7:按拆卸逆过程进行装配。

步骤8:检查装配后触头位置是否正确,是否灵活,叠片是否紧密。

步骤9:修复和装配好的组合开关进行通断电试运行,看是否符合要求。

3. 熟悉断路器结构步骤

步骤1:拆开低压断路器的外壳。

步骤2:观察低压断路器的内部结构。

步骤3:模拟操作低压断路器,分析其主要部件的作用(包括电磁脱扣器、热脱扣器、自由脱扣器、触头和储能弹簧)。

四、检查评估

该项目的检查主要包括拆装与检测调试和安全操作两个方面,检查表格见表4.5。

表 4.5　检查表

考核项目			配分	扣分	得分
安全操作	违反以下安全操作要求	丢失零部件	5		
		损坏电器元件	5		
		严重违反安全规程	5		
	安全与环保意识	操作中掉工具、掉零部件	5		
		工作现场有垃圾等	5		
拆装检测	刀开关的拆装	不按要求进行拆卸	5		
		不会检测	5		
		不会维修	5		
	组合开关的拆装	不按要求拆卸	5		
		不能安装	10		
		漏装零部件	5		
		装配后手柄不灵活	5		
		通断试验,接触不良	5		
	熟悉断路器结构	不能说出主要部件的名称	10		
		不能写出主要部件的作用	10		
	工具的使用	工具使用规范	5		
	仪表的使用	仪表使用正确	5		
合　计			100		

【知识拓展】

封闭式负荷开关(HH 系列)

如图 4.8 所示是封闭式负荷开关外形、构成,它是在开启式负荷开关的基础上改进设计而成,因外壳多为铸铁或薄钢板冲压而成,故又称铁壳开关,适用于交流频率 50 Hz、额定电压 380 V、额定电流至 400 A 的电路中,用于手动不频繁接通或分断带负载的电路及线路末端的短路保护,或控制在 15 kW 以下小容量电动机直接启动和停止。

铁壳开关结构特点:在铁壳开关的手柄转轴与底座之间装有一个速断弹簧,用钩子扣在转轴上,当扳动手柄分闸或合闸时,开始阶段 U 形双刀片并不移动,只拉伸了弹簧,贮存了能量,当转轴转到一定角度时,弹簧力就使 U 形双刀片快速从夹座拉开或将刀片迅速嵌入夹座,电弧被很快熄灭,即开关分合闸速度与操作者速度无关,从而保证了操作人员和设备的安全;触头系统全部封装在铁壳内,并带有灭弧室以保证安全;罩盖与操作机构设置了机械联锁装置,当箱盖打开时,不能合闸,闸刀合闸后箱盖不能打开。

接线时,电源进线应接在静夹座一侧的接线桩上,负载引线接熔断器一侧的接线桩上,且出线必须穿过开关的进出线孔。

安装时,必须垂直安装于无强烈振动和冲击的场合,安装高度一般不低于1.3～1.5 m,外壳必须可靠接地,防止意外漏电造成触电。手柄朝上为合闸,不能平装和倒装,以防止闸刀松动,产生误合闸。

在进行分合闸操作时,操作者必须站在开关的手柄侧,不准面对开关,以免因意外故障电流使开关爆炸,铁壳飞出伤人。

选用时,用于照明和电热负载,额定电压不小于工作电路的额定电压、额定电流应等于或稍大于电路额定电流;用于控制电动机工作时,额定电流不小于电动机额定电流的3倍。

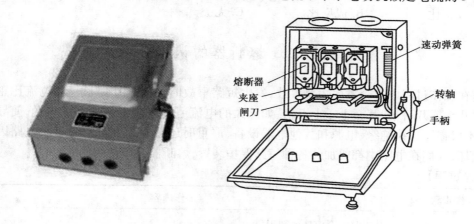

图4.8　封闭式负荷开关

【任务小结】
①低压开关的分类。
②低压刀开关的分类、结构、型号、用途及电气符号。
③转换开关的分类、结构、型号、用途及电气符号。
④低压断路器的分类、结构、型号、用途及电气符号。

【思考与练习】
一、填空题
1.开关应有明显的通断位置,一般手柄向上为_____,向下为_____。
2.低压开关主要用作_____、_____及_____和_____电路。
3.组合开关又叫_____,常用于交流频率50 Hz、电压380 V及以下,或直流220 V及以下的电气线路中,用于手动不频繁接通或分断电路、换接_____和_____,或如控制_____以下电动机的启动和停止。
4.负荷开关是由_____和_____组合而成,分为_____和_____。
二、判断题
1.HK系列刀开关可以垂直安装,也可水平安装。　　　　　　　　　　　　　（　　）
2.HZ系列组合开关无储能通断装置。　　　　　　　　　　　　　　　　　（　　）
3.低压断路器是一种控制电器。　　　　　　　　　　　　　　　　　　　（　　）
4.低压断路器中电磁脱扣器的作用是失夺保护。　　　　　　　　　　　　（　　）

三、选择题

1. HK 系列开启式负荷开关用于控制电动机的直启动和停止时,应选额定电流不小于电动机额定电流(　　)倍的三极开关。

　　A. 2　　　　　　　　　B. 2.5　　　　　　　　　C. 3

2. HK 系列开启式负荷开关可用于功率小于(　　)kW 的电动机控制线路中。

　　A. 5.5　　　　　　　　B. 2.5　　　　　　　　　C. 10

3. HZ 系列组合开关的触头接通速度与手柄操作速度(　　)。

　　A. 成正比　　　　　　 B. 成反比　　　　　　　 C. 无关

任务二　熔断器的认识

电路在工作过程中常会发生短路事故,发生短路事故时,电路中电阻很小,电流比正常工作电流大几十或几百倍,甚至上千上万倍,如此大的电流通过电路会产生大量热量,使导线温度陡升,不仅损坏导线绝缘、电源和其他电器设备,严重时还会引起火灾。为避免电路因短路而造成损坏,人们在电路中都要加装各种短路保护装置,熔断器是最常用的一种。

【工作过程】

工作步骤		工作内容
收集 信息	资信	获取以下信息和知识: 熔断器分类、型号、作用、选用及电气符号
决策 计划	决策	确定熔断器种类、数量 确定识别熔断器的方法 熔断器的结构
	计划	设计熔断器识别计划 填写材料和工具清单
组织实施	实施	识别熔断器前将所有熔断器的型号说明遮蔽,不让学生看见熔断器的型号规格、标志、技术文件资料 根据熔断器的外观来识别熔断器的型号、类别等,并能正确说出其适用范围 能说出熔断器各零部件的名称 熔断器的选用
检查评估	检查	熔断器的型号是否正确,适用范围是否符合要求;能否正确选用熔断器
	评估	熔断器的型号正确 熔断器选用正确 熔断器各零部件名称 团队精神 工作反思

一、收集信息

熔断器是一种最简单有效的保护电器。熔断器在低压配电线路和电动机控制电路中起短路保护作用。

熔断器主要由熔体(俗称保险丝)和放置熔体的绝缘管(熔管)或绝缘底座(熔座)组成。在使用时,熔断器串接在被保护的电路中,当通过熔体的电流达到或超过某一额定值,熔体自行熔断,达到保护目的。

(一)熔断器的型号及符号

熔断器在电路中的文字符号用 FU 表示,其型号含义及电路符号如图4.9所示。

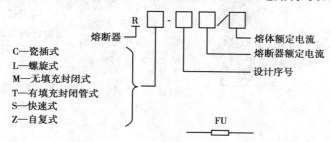

图4.9　熔断器的型号及符号

例如,RC1A-10:熔体额定电流为 10 A 的瓷插式熔断器;

RL6-16:熔体额定电流为 16 A 的螺旋式熔断器。

(二)常见熔断器的外形结构及用途

常用低压熔断器的结构及用途见表4.6。

表4.6　常用低压熔断器的结构及用途

熔断器名称	外　形	结　构	用途(说明)
RC1A系列瓷插式	动触头　熔丝　静触头　瓷盖　瓷座	由瓷底座和瓷盖组成。瓷底座的两端有静触头,用以连接导线;瓷盖的两端有动触头,用以安装熔体	瓷插式熔断器一般用于交流频率 50 Hz,额定电压 380 V 及以下,额定电流 200 A 及以下低压线路末端或分支电路中,作为电气设备的短路保护及一定程度的过载保护

89

续表

熔断器 名称	外　形	结　构	用途(说明)
RL1 系列 螺旋式		由瓷帽、熔断管、瓷套、上接线座、下接线座及瓷座组成。熔断管内的石英砂和熔丝	螺旋式熔断器一般用于交流频率 50 Hz,额定电压 380 V,额定电流 200 A 及以下控制箱、机床设备及振动较大的场合作短路保护作用 熔断管内装有石英砂能增强灭弧性能。熔丝焊接在瓷管两端的金属盖上,其中一端有一个标有不同红色的熔断指示器,当熔丝熔断时,熔断指示器自动脱落,此时只需更换同规格的熔断管即可
RT0 系列有 填料封 闭式		由熔管、底座、夹头及夹座等部分组成	配有熔断指示装置,熔体熔断后,显示出醒目的红色熔断信号。它的熔管用高频电工瓷制成,熔体是两片网状紫铜片,上间用锡桥连接。熔体周围填满石英砂,在熔体起灭弧作用 主要用于短路电流较大电力输配电系统起短路保护
RM10 系列无 填料封 闭管式		由熔断管、熔体夹头及夹座等部分组成	采用钢纸管作熔管,当熔体熔断时钢纸管内壁在电弧热量的作用下产生高压气体,使电弧熄灭;采用变截面锌片作熔体,电路发生短路时,锌片几处窄部位同时熔断,形成较大空隙,容易灭弧 适用于交流频率 50 Hz,额定电压 380 V 或直流 440 V 及以下电压等级的动力网络和成套配电设备中,作为导线、电缆及大容量电气设备的短路和连续过载保护

(三)熔断器主要技术参数

熔断器主要技术参数有额定电压、额定电流、熔体额定电流、极限分断电流等,见表4.7。

表4.7　熔断器主要技术参数

技术参数	解　释
额定电压	熔断器长期正常工作的电压
额定电流	熔断器长期正常工作的电流
熔体额定电流	熔体长期正常工作的电流
熔断器极限分断电流	在额定电压下,熔断器能够断开的最大短路电流

(四)熔断器选用

熔断器、熔体的选用见表4.8。

表4.8　熔断器、熔体的选用

熔断器的选用	熔断器的额定电流应等于或大于熔体的额定电流,其额定电压应等于或大于线路额定电压
熔体额定 电流的确定	对于照明电路或电热设备等单相负载的短路保护,其熔体的额定电流应等于或大于被控制电路的额定电流 对单台电动机的保护,其熔体的额定电流应等于电动机额定电流的1.5~2.5倍 对多台电动机的保护,熔体额定电流应等于功率最大的一台电动机额定电流的1.5~2.5倍与其余电动机额定电流之和
熔断器 类型的选用	对于照明线路或电热设备等单相负载的短路保护的,可选用RC1A系列熔断器 机床控制线路中及有振动的场所,常采用RL1系列螺旋熔断器 电子线路或电子设备的短路保护,常采用RS系列快速熔断器 变配电装置的短路保护,常采用RM10系列无填料封闭管式熔断器或RT0系列有填料封闭管式熔断器 还可根据使用环境和负载性质的不同,选择适当类型的熔断器

(五)熔断器的安装与使用

①瓷插式熔断器应垂直安装。螺旋式熔断器的电源线应接瓷底座的下接线桩上,负载线接螺纹壳上的接线桩上(简称低进高出)。

②熔断器内要安装合格的熔体,不能用小规格的熔体并联代替大规格的熔体。

③安装熔体时,各级熔断器要相互配合,做到下一级熔体规格比上一级熔体规格小。

④安装熔丝时,熔丝应在螺栓上沿顺时针方向缠绕,压在垫圈下。

⑤更换熔体或熔管时,要切断电源,绝不允许带负载操作。

⑥RM10系列熔断器,切断过三次相当于分断能力的电流后,须更换熔断管。

⑦熔断器兼作隔离器件使用时,应装在控制开关的电源进线端;若仅作短路保护用,应装在控制开关的出线端。

二、决策计划

确定工作组织方式、划分工作阶段、分配工作任务、讨论熔断器识别方法及安装要求,填写工作计划表和材料工具清单,分别见表4.9和表4.10。

表4.9　工作计划表

项目四/任务二		熔断器的认识		学时:	
组长		组员			
序号	工作内容	人员分工	预计完成时间	实际工作情况记录	
1	明确任务				
2	制订计划				
3	任务准备				
4	实施装调				
5	检查评估				
6	工作小结				

表4.10　材料工具清单

工具					
仪表					
器材					
元件	名称	代号	型　号	规　格	数　量

三、组织实施

熔断器安装接线时必须遵守哪些规则	
识别、拆装前的准备	在识别拆装前,应准备好拆装用的工具、识别的熔断器,检测的仪表,并做好工作现场和技术资料的准备工作
在RL1系列熔断器安装时应注意哪些事项	
在RC1A系列熔断器安装时应注意哪些事项	
在RT0系列熔断器安装时应特别注意哪些事项	
在RM10系列熔断器安装时应注意哪些事项	

识别熔断器的工作流程如下：

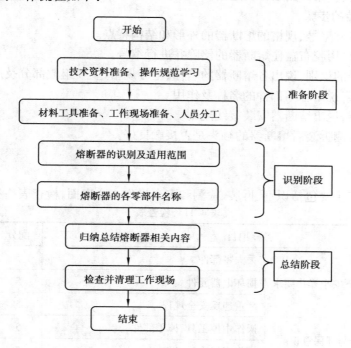

（一）准备

在识别、拆装熔断器前,应将各熔断器的铭牌遮蔽。

1. 工具

拆装所需工具:尖嘴钳、一字螺丝刀、十字螺丝刀(3.5 mm)等各 1 把;万用表、工具箱 1 个。

2. 材料和器材

RL1 系列、RC1A 系列、RT0 系列和 RM10 系列熔断器各 10 个。

3. 工作现场

现场工作空间充足,方便进行拆装调试,工具、材料等准备到位。

4. 技术资料

各熔断器的使用说明书。工作计划表、材料工具清单表。

（二）拆装工艺要求

①工具、材料及各元器件准备齐全。

②工具使用方法正确,不损坏工具及各元器件。

③拆卸过程中,应备有盛放零件的容器,以防零件丢失。

④拆卸过程中,不允许硬撬,以防损坏电器。

（三）识别拆装的安全要求

①拆装各熔断器时,拆卸时可按顺序放置各部件,然后按逆顺序装配。

②操作时应注意工具的正确使用,不得损坏工具及元器件。

③拆装完成后,使用万用表检测通断。

(四)识别拆装的步骤

①仔细观察各种型号、规格的熔断器的外形和结构特点。

②对任意 10 只用胶布盖住熔断器的铭牌并进行编号。

③进行熔断器的识别,说出各熔断器的名称、型号规格、主要组成部分及用途。

④拆卸熔断器,说出各零部件的名称及作用。

⑤装配熔断器,说出熔断器安装接线规则。

⑥用万用表检测拆装后熔断器的触头是否接触良好。

四、检查评估

该项目的检查主要包括识别、拆装、检测和安全操作 4 个方面,检查表格见 4.11。

表 4.11 检查表

考核项目			配分	扣分	得分
安全操作	违反以下安全操作要求	丢失零部件	5		
		损坏电器元件	5		
		严重违反安全规程	5		
	安全与环保意识	操作中掉工具、掉零部件	5		
		工作现场有垃圾等	5		
识别	根据外观识别熔断器	不能识别 RL1 系列熔断器	5		
		不能识别 RC1A 系列熔断器	5		
		不能识别 RT0 系列熔断器	5		
		不能识别 RM10 系列熔断器	5		
拆装	RL1 系列熔断器拆装	不按要求进行拆卸	5		
		不能说出零部件名称	5		
		不知道安装接线要求	5		
		装配后接触不良	5		
	RC1A 系列熔断器拆装	不按要求拆卸	5		
		装配后瓷盖插入出现熔体损伤	5		
		装配后,接触不良	5		
	RT0 系列熔断器拆装	装配后,夹头及夹座松动	5		
	RM10 系列熔断器拆装	装配后,夹头及夹座松动	5		
	工具的使用	工具使用规范	5		
检测	仪表的使用	仪表使用正确	5		
合　计			100		

【知识拓展】

熔断器的种类

下面介绍几种特殊熔断器。

快速熔断器又称半导体器件保护用熔断器,主要用于半导体功率元件的过流保护。目前,常用的有 RS0、RS3、RLS2 等系列。

自复式熔断器的熔体由非线性电阻元件(如金属钠等)制成,在特大短路电流产生的高温下,熔体汽化,阻值剧增,即瞬间呈现高阻状态,从而能将故障电流限制在较小数值范围内。当温度恢复正常后,自复式熔断器又恢复为低阻状态。

【任务小结】

①熔断器的分类及电气符号。

②RL1 系列熔断器的结构、型号及用途。

③RC1A 系列熔断器的结构、型号及用途。

④RT0 系列熔断器的结构、型号及用途。

⑤RT0 系列熔断器的结构、型号及用途。

【思考与练习】

一、填空题

1. 低压熔断器是一种_____电器,它用于_____电路_____控制电路中,起_____和_____的保护作用。

2. RC1A 系列熔断器中,R 表示_____、C 表示_____、A 表示_____。

3. 熔断器串联在_____和_____之间,在线路发生短路和过载时_____。

4. 熔断器类型用符号表示:M 表示_____、L 表示_____,有填料封闭管式熔断器用符号_____表示。

二、判断题

1. 熔断器在电路中起保护作用。　　　　　　　　　　　　　　　　　　(　　)

2. 对单台电动机保护时,熔断器熔体选择应满足 $I_{RN} \geq (1.5 \sim 2.5) I_N$。(　　)

3. 瓷插式熔断器的熔丝装在瓷底的两静触头上。　　　　　　　　　　(　　)

4. 熔断器应该是熔断器和熔体的部称。　　　　　　　　　　　　　　(　　)

5. RL1 是封闭式熔断器。　　　　　　　　　　　　　　　　　　　　(　　)

三、选择题

1. 熔断器在电路中起(　　　)。

　　A. 短路保护　　　　　　　B. 过载保护　　　　　　C. 短路和过载保护

2. 对单台电动机保护时,熔体额定电流的大小应满足公式(　　　)。

　　A. $I_{RN} \geq (1.5 \sim 2.5) I_N$　　B. $I_{RN} = (1.5 \sim 2.5) I_N$　　C. $I_{RN} \leq (1.5 \sim 2.5) I_N$

3. 熔断器额定电压应(　　　)。

　　A. 等于线路工作电压　　　B. 大于线路工作电压　　C. 大于或等于线路工作电压

4. 符号 RM10 表示(　　　)。

　　A. 螺旋式熔断器　　　　　B. 瓷插式熔断器　　　　C. 有填料封闭管式熔断器

5. 字母 L 表示(　　)。

　　A. 插入式　　　　　　　　B. 封闭式　　　　　　　　C. 螺旋式

任务三　主令电器认识与拆装

　　"三、二、一,点火!"随着总指挥的一声令下,操作人员只需轻按点火按钮,"神舟六号"就承载着中华民族几千年的梦想冲向蓝天,小小按钮,居然有如此神奇的威力;运动场上发令的人员是裁判,本任务主要认识电气线路中的主令电器。

【工作过程】

工作步骤		工作内容
收集信息	资信	获取以下信息和知识: 　主令电器分类 　按钮的分类、型号、结构、选用及电气符号 　行程开关的分类、型号、结构、选用及电气符号 　万能转换开关的型号、结构、使用及电气符号 　主令控制器的型号、结构、动作过程、电气符号、触分合表及选用
决策计划	决策	确定主令电器种类、数量 确定主令电器拆装、维修方法 确定拆装、维修与调试主令电器的工具 确定主令电器的拆装、维修及调试工序
	计划	设计主令电器识别计划 设计主令电器拆装、维修计划 填写材料和工具清单
组织实施	实施	认真观察主令电器的外观,对其型号规格、数量、标志、技术文件资料进行检验 对按钮帽上的颜色进行区分,能说出不同颜色按钮的用途 根据主令控制器拆装规范要求,正确选定拆装步骤 确定行程开关的维修方法 认真观察主令控制器的内部结构和动作过程,对其进行检测、调试
检查评估	检查	能正确识别主令电器,能区分各主令电器的型号、适用范围;能正确测量主令电器,能正确维修维护主令电器
	评估	主令电器的识别 主令电器拆装方法 区分按钮颜色意义 主令电器各零部件名称 团队精神 工作反思

一、收集信息

主令电器是用于接通或断开控制电路,以发出指令或作程序控制的开关电器,其种类繁多,外形各一,常用的主令电器有按钮开关、行程开关、万能转换开关及主令控制器,它们的外形见表4.12。

表4.12　主令电器的种类

主令电器			
按钮开关	行程开关	万能转换开关	主令控制器
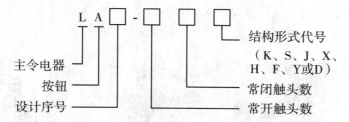			

（一）按钮

按钮又称控制按钮或按钮开关,是一种手动控制电器。它只能短时接通或分断5 A以下的小电流电路,向其他电器发出指令性的电信号,控制其他电器动作的电器。

1.按钮开关的型号及意义

按钮开关的型号及意义如下:

```
        L A □ - □ □ □
```

- 主令电器
- 按钮
- 设计序号
- 结构形式代号（K、S、J、X、H、F、Y或D）
- 常闭触头数
- 常开触头数

2.按钮开关的外形、内部结构及电气符号

按钮开关的外形、内部结构及电气符号如图4.10所示。

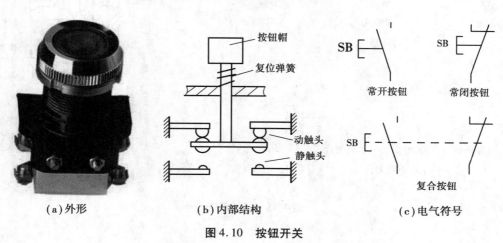

（a）外形　　　（b）内部结构　　　（c）电气符号

图4.10　按钮开关

97

常见按钮开关的型号有 LA4、LA10、LA18、LA19、LA20 等系列。

3. 按钮开关的选择

按钮开关选择时应从使用场合、所需触点数及按钮帽的颜色、安装形式和操作方式来进行选择。在选择时,应注意不同颜色是用来区分功能及作用的,便于操作人员识别避免误操作。其颜色代表的含义:红色—"停止"和"急停";绿色—"启动";黑色—"点动";蓝色—"复位";黑白、白色或灰色—"启动"与"停止"交替动作。

(二)行程开关

位置开关又称行程开关或限位开关。它利用生产机械运动部件的碰撞,使其内部触点动作,分断或切换电路,从而控制生产机械行程、位置或改变其运动状态的电器。

1. 行程开关的型号及意义

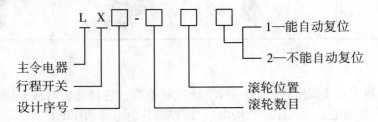

常见的类型有 LX5、LX10、LX19、LX31、LX32、LX33、JLXK1 等系列。

2. 行程开关外形、结构、电气符号

行程开关外形、结构、电气符号如图 4.11 所示。

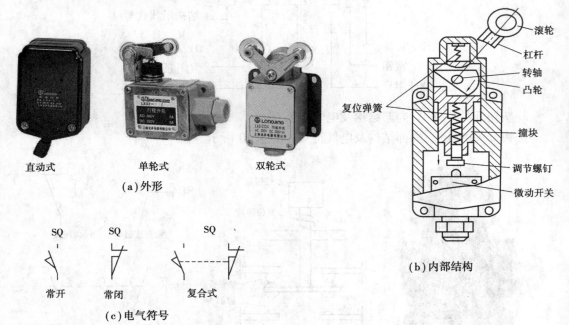

图 4.11　行程开关

3.行程开关的选用

行程开关的选用应根据被控制电路的特点、要求及生产现场条件和触点数量等因素考虑。在安装使用时,应注意滚轮方向不能装反,与生产机械撞块碰撞位置应符合线路要求,滚轮固定应恰当,有利于生产机械经过预定位置或行程时能较准确地实现行程控制。

【想一想】 按钮开关与行程开关有何区别。

(三)万能转换开关

万能转换开关是由多组相同的触头组件叠装而成的多回路控制电器。主要用于控制线路转换及测量仪表的转换,也可用于小容量电动机的启动、转向及变速。由于触头数量多、切换线路多、用途广泛,故称为万能转换开关。

1.万能转换开关主要结构

主要由触头系统、操作机构、转轴、手柄、定位机构等部件组成。其外形、符号及触头分合表如图4.12所示。

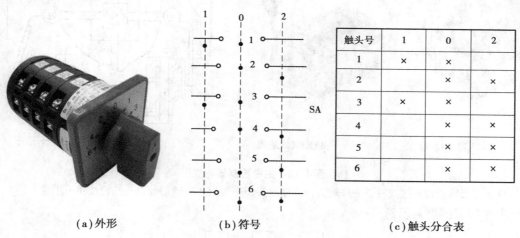

触头号	1	0	2
1	×	×	
2	×		×
3	×	×	
4		×	×
5		×	×
6		×	×

（a）外形　　　　（b）符号　　　　（c）触头分合表

图4.12　万能转换开关

2.转换万能转换开关型号及意义

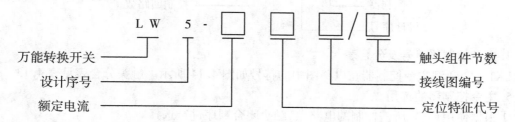

(四)主令控制器

主令控制器也称为主令开关,是用于频繁地按照预定程序操纵多个控制电路的主令电器,用它通过接触器来实现控制电动机的启动、制动、调速及反转,同时也可实现控制线路的联锁作用,其触头工作电流不大。

1. 主令控制器的结构

主令控制器主要由基座、转轴、动静触头、凸轮鼓、操作手柄、面板支架及外护罩组成，主令控制器的外形结构如图4.13所示。

2. 主令控制器的原理

主令控制器所有触头都安装在绝缘板上，动触头则固定在能绕轴转动的支架上；凸轮鼓由多个凸轮块嵌装而成，凸轮块根据触头系统的开闭顺序制成不同角度的凸出轮缘，每个凸轮块控制两副触头。当转动手柄时，方形转轴带动凸轮块转动，凸轮块的凸出部分压动小轮，使动触头与静触分断而切断电路；当转动手柄使小轮位于凸轮块有凹处时，在复位弹簧作用下使动静触头闭，接通电路。可见触头闭合和分断顺序是由凸轮块的形状决定的。

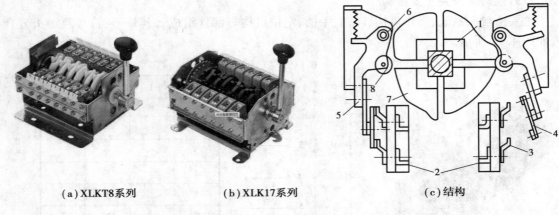

（a）XLKT8系列　（b）XLK17系列　（c）结构

图4.13　主令控制器

1—方形转轴；2—接线桩；3—静触头；4—动触头；5—支架；6—转动轴；7—凸轮块；8—小轮

3. 主令控制器型号及意义

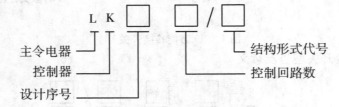

主令电器　控制器　设计序号　结构形式代号　控制回路数

4. 主令控制器符号及分合表

LK1-12/90型主令控制器在电路图中的符号如图4.14所示。触头分合表见表4.13。

5. 主令控制器的选用

①根据使用环境、所需控制的电路数、触头闭合顺序进行选择。

②主令控制器投入运行前，应测量绝缘电阻，绝缘电阻一般应大于0.5 MΩ。

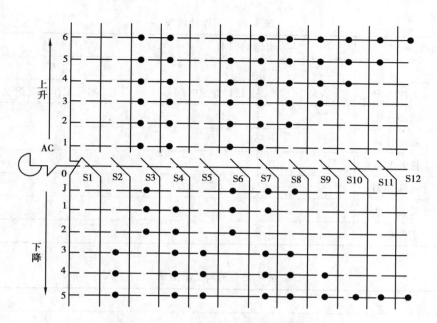

图4.14　LK1-12/90 型主令控制器符号

表4.13　LK1-12/90 型主令控制器触头分合表

触头	下降						零位	上升					
	5	4	3	2	1	J	0	1	2	3	4	5	6
S1							×						
S2	×	×	×										
S3				×	×	×		×	×	×	×	×	×
S4	×	×	×	×	×			×	×	×	×	×	×
S5	×	×	×										
S6				×		×		×		×			
S7	×	×	×		×			×	×	×	×	×	×
S8	×	×	×			×		×	×	×	×	×	×
S9	×	×								×	×	×	×
S10	×										×	×	×
S11	×											×	×
S12	×												×

二、决策计划

确定工作组织方式、划分工作阶段、分配工作任务、讨论主令电器识别方法及拆装要求,填写工作计划表和材料工具清单,分别见表4.14 和表4.15。

表4.14　工作计划表

项目四/任务三		主令电器的识别		学时：	
组长		组员			
序号	工作内容	人员分工	预计完成时间	实际工作情况记录	
1	明确任务				
2	制订计划				
3	任务准备				
4	实施装调				
5	检查评估				
6	工作小结				

表4.15　材料工具清单

工具					
仪表					
器材					
元件	名称	代号	型　号	规　格	数　量

识别、拆装主令电器的工作流程如下：

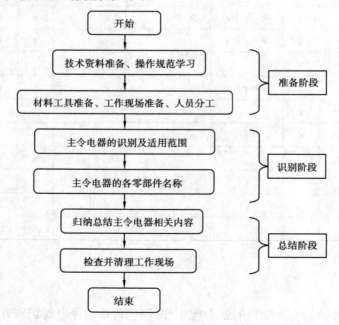

三、组织实施

主令电器安装接线时必须遵守哪些规则	
识别、拆装前的准备	在识别拆装前,应准备好拆装用的工具、识别的主令电器,检测的万用表,并做好工作现场和技术资料的准备工作
按钮开关安装接线时应注意哪些事项	
行程开关安装时应注意哪些事项	
万能转换开关安装时应特别注意哪些事项	
主令控制器安装时应注意哪些事项	

（一）准备

在识别、拆装主令电器前,应将各主令电路的铭牌遮蔽。

1. 工具

拆装所需工具:尖嘴钳、一字螺丝刀、十字螺丝刀(3.5 mm)、电工刀、测试笔等各 1 把,兆欧表、万用表、工具箱 1 个。

2. 材料和器材

不同型号的按钮 3 个、行程开关 3 个,万能转换开关和主令控制器各 1 个。

3. 工作现场

工作现场空间充足,方便进行拆装调试,工具、材料等准备到位。

4. 技术资料

各按钮、行程开关、万能转换开关、主令控制器的使用说明书;万能转换开关、主令控制器触头分合表及材料工具清单表。

（二）拆装工艺要求

①工具、材料及各元器件准备齐全。

②工具使用方法正确,不损坏工具及各元器件。

③拆卸过程中,应备有盛放零件的容器,以防零件丢失。

④拆卸过程中,不允许硬撬,以防损坏电器。

（三）识别拆装的安全要求

①拆装各主令电器时,拆卸时可按顺序放置各部件,然后按逆顺序装配。

②操作时应注意工具的正确使用,不得损坏工具及元器件。

③拆装完成后,使用万用表检测通断;利用兆欧表检测万能转换开关、主令控制器等各触头对地绝缘电阻。

（四）识别拆装的步骤

①熟悉各种类型的主令电器型号含义,以便识别时根据其铭牌上所标明的型号判别类型。

②仔细观察各类电器的外形及内部结构。

③对任意 8 只用胶布盖住铭牌的主令电器进行编号。

④进行主令电器的识别,说出各电器的名称、型号规格、主要组成部分及用途。

⑤用仪表检测电器的触头是否接触良好,绝缘电阻是否符合要求。

四、检查评估

该项目的检查主要包括识别、安装接线、检测和安全操作 4 个方面,检查表格见表4.16。

表 4.16 检查表

考核项目			配分	扣分	得分
安全操作	违反以下安全操作要求	丢失零部件	5		
		损坏电器元件	5		
		严重违反安全规程	5		
	安全与环保意识	操作中掉工具、掉零部件	5		
		工作现场有垃圾等	5		
识别	根据外观识别主令电器	不能识别按钮	5		
		不能识别行程开关	5		
		不能识别万能转换开关	5		
		不能识别主令控制器	5		
拆装	按钮安装	不能按颜色要求区分其用途	5		
		不能正确使用触头	5		
	行程开关安装	触头使用不正确	5		
		不能说出各部件的作用	5		
		装配后,接触不良	5		
	万能转换开关安装	不能正确连接各接线桩	5		
		不能正确检测各触头的通断	5		
	主令控制器安装	不能正确连接各接线桩	5		
		不能正确检测各触头的通断	5		
		不熟悉各触头动作顺序	5		
检测	仪表的使用	万用表、兆欧表使用正确	5		
合　计			100		

【知识拓展】

接近开关(传感器)

晶体管无触点位置开关又称接近开关,它是一种与运动部件无机械接触而能操作位置的开关。当运动的物体靠近开关到一定位置时,开关发出信号,达到行程控制、计数及自动控制的目的。

接近开关有高频振荡型、感应电桥型、霍尔效应型、光电型、永磁及磁敏感型、电容型和超声波型等多种类型,其中高频振荡型最为常用。其电路原理可归纳为如图4.15所示的几个部分。

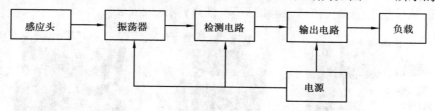

图 4.15　接近开关原理方框图

【任务小结】

①主令电器的分类。

②按钮分类、结构、型号、用途。

③行程开关的分类、结构、型号、用途。

④万能转换开关的结构、型号、用途及触头分合表。

⑤主令控制器的结构、型号、用途、触头动作顺序及分合。

【思考与练习】

一、填空题

1. 主令电器是一种_____电器,它一般不直接_____主电路的通断,而是在控制电路中_____或_____去控制_____、_____等电器,再由它们去控制主电路的通断、功能转换或电气联锁。

2. 常用的主令电器有_____、_____、_____和_____。

3. 行程开关主要由_____、_____和_____组成。

二、判断题

1. 按下复合按钮时,其常开触头和常闭触头同时动作片。　　　　　　　　(　　)

2. 启动按钮优先选用白色按钮。　　　　　　　　　　　　　　　　(　　)

3. 常用按钮可作停止按钮。　　　　　　　　　　　　　　　　　　(　　)

4. 行程开关可人为手动控制。　　　　　　　　　　　　　　　　　(　　)

5. 行程开关可作限位保护。　　　　　　　　　　　　　　　　　　(　　)

三、选择题

1. 按钮帽的颜色和符号标志是用来(　　　)。

　　A. 提示安全注意　　　　　　B. 引起警惕　　　　　　C. 区分功能

2. (　　　)系列按钮只有一对常触头和一对常闭触头。

　　A. LA18　　　　　　　　　B. LA19　　　　　　　　C. LA20

3. 主令控制器投入运行前,应使用兆欧表检测绝缘电阻,其绝缘电阻应大于(　　　)MΩ。

　　A. 0.5　　　　　　　　　B. 5　　　　　　　　　C. 10

任务四　接触器拆装

低压开关、主令电器等电器,都是依靠手动直接操作来实现触头接通或分断电路,属于非自动切换电器。在电力拖动系统中,广泛应用一种自动切换电器——接触器,来实现电路的自动控制,如图 4.16 所示为几种常用交流接触器的外形。从理论上学习交流接触器的分类、结构、工作原理;从技能上学会交流接触器的拆装、维修、调试及安装。

图 4.16 交流接触器

【工作过程】

工作步骤		工作内容
收集 信息	资信	获取以下信息和知识: 　接触器分类 　交流接触器型号、结构、选用、电气符号及工作原理 　直流接触的型号、结构、选用、电气符号及工作原理 　交流接触器与直流接触器的区别
决策计划	决策	确定接触器种类、数量 确定接触器拆装、维修调试方法 确定拆装、维修与调试接触器的工具 确定接触器的拆装、维修及调试工序
	计划	根据接触器电气要求设计拆装、维修计划 根据拆装要求填写材料和工具清单
组织实施	实施	认真观察接触器的外观,对其型号规格、数量、标志、技术文件资料进行检验 根据接触器的电气要求,确定拆装步骤 确定接触的维修、调试方法 认真观察接触器的内部结构和动作过程,对其进行检测、调试

续表

工作步骤		工作内容
	检查	能正确拆装接触；能正确处理接触器常见故障；能正确检测、调整接触器
检查评估	评估	接触器的拆装 接触器故障处理 接触器的检测、调整 团队精神 工作反思

一、收集信息

交流接触器是一种能频繁自动接通和断开的电磁式开关电器。其优点是动作频繁迅速、操作方便安全和便于远距离控制实施。广泛用于工业自动控制系统、电力拖动系统,如电动机、电热设备、小型发电机、电焊机和机床电路等。按触头通过电流的种类,接触器可分为交流接触器和直流接触器两种。

1. 交流接触器的结构

交流接触器的结构如图4.17所示。交流接触器主要由电磁系统、触头系统、灭弧装置及辅助部件等组成。

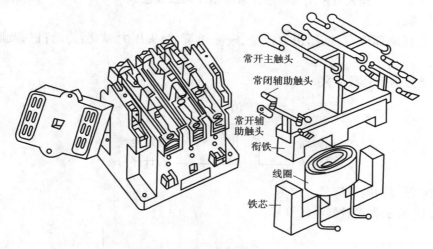

常开主触头
常闭辅助触头
常开辅助触头
衔铁
线圈
铁芯

图4.17　交流接触器结构

(1)电磁系统

由线圈、动铁芯(衔铁)和静铁芯3部分组成。它是利用电磁线圈的通电或断电,使衔铁和铁芯吸合或释放,从而带动动触头与静触头闭合或分断,达到接通或断开电路的目的。铁芯是接触器发热的主要部件,动、静铁芯一般由E形硅钢片叠压而成,以减小铁芯的磁滞和涡流损耗,避免铁芯过热。另外,在E形铁芯中柱端面上留有0.1~0.2 mm的气隙,以减小剩磁影响,避免线圈断电后衔铁粘住不能释放。铁芯两端面上嵌有短路环,用以消除电磁系统的振动

107

和噪声。线圈做成短而粗的圆筒状,且在线圈和铁芯间留有空隙,以增强铁芯散热效果。

(2)触头系统

接触器的触头系统分主触头和辅助触头两种。主触头用以通断电流较大的主电路,一般由接触面积较大的三对常开触头组成。辅助触头用以通断电流较小的控制电路,一般由两对常开和两对常闭触头组成。动作时常闭触头先断开,常开触头后闭合。交流接触的触头按接触情况可分为点接触、线接触和面接触3种形式。按触头的结构形式划分,有桥式触头和指形触头两种,交流接触器一般采用双断点桥式触头,其动触头用紫铜片冲压而成,在触头的两端镶有银合金制成的触头块,以避免接触点由于产生氧化铜而影响其导电性能。静触头一般用黄铜板冲压而成,一端镶焊触头块,另一端为接线桩。触头上装有压力弹簧,用以减小接触电阻,消除开始接触时产生有害振动。

【想一想】 接触器常开触头和常闭触头是指什么情况下的状态。

(3)灭弧装置

在断开大电流或高电压电路时,动、静触头之间会产生很强的电弧。电弧一方面会灼伤触头,减小触头使用寿命;另一方面会使电路切断时间延长,甚至造成弧光短路或引起火灾事故。因此触头间的电弧应尽快熄灭。

灭弧装置的作用是熄灭触头分断时产生的电弧,以减小对触头的灼伤,保证可靠的分断电路。交流接触器常采用的灭弧装置有双断口结构的电动力灭弧装置、纵缝灭弧装置和栅片灭弧装置。对较小容量的交流接触器,如CJ10-10型,采用双断口结构的电动力灭弧装置;CJ10-20型采用纵缝灭弧装置;对较大容量交流接触器采用栅片灭弧装置。

(4)辅助部件

交流接触辅助部件有:反作用力弹簧、缓冲弹簧、触头压力弹簧、传动机构及底座、接线桩等。

2.交流接触器型号及意义

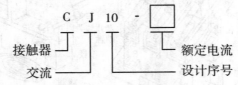

3.交流接触器的电气符号

如图4.18所示为接触器电气符号。

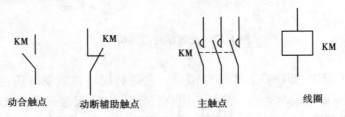

图4.18 交流接触器电气符号

4.交流接触器的工作原理

当线圈通电时,线圈产生磁场,使静铁芯产生电磁吸力,将衔铁吸合。衔铁带动各触点动作,使主触点闭合,常闭辅助触点断开,常开辅助触点闭合,从而分断或接通相关电路。当线圈断电时,电磁吸力消失,衔铁在反作用弹簧的作用下释放,各触点复位。即主触点断开,常开辅助触点断开,常闭辅助触点闭合。

5.交流接触器的选用

交流接触器的选用见表4.17。

表4.17　交流接触器的选用

序　号	参数选择		内　容
1	接触器种类选择		根据接触器所控制电动机及负载类别选择相应接触器类型,即交流负载应选择交流接触器,直流负载应选择直流接触器
2	主触点额定电压的选择		接触器主触点额定电压应等于或大于负载回路的额定电压
3	主触点额定电流的选择	电阻性负载	主触点额定电流应等于负载工作电流
		电动机	接触器控制电动机时,主触点的额定电流应大于或稍大于电动机的额定电流。对 CJ0、CJ10 系列的接触器,可根据以下公式计算,即 $$I_c = (P_N/KN_N) \times 10^3$$ 式中　K—经验系数,取 $1\sim1.4$; 　　　P_N—电动机额定功率,kW; 　　　U_N—电动机额定电压,V; 　　　I_C—接触器主触头额定电流,A
4	吸引线圈电压的选择		交流线圈的电压有 36、110、127、220、380 V。在选择时,若控制电路简单,为节省变压器一般常选用 220 V 和 380 V。若线路复杂,考虑人身和设备安全,接触器吸引线圈电压应等于控制电压
5	接触器数量的选择		只要触点个数能满足控制线路功能要求即可

二、决策计划

确定工作组织方式,划分工作阶段,分配工作任务,讨论拆装、维修调试步骤和工作计划,填写工作计划表和材料工具清单,分别见表4.18 和表4.19。

表4.18　工作计划表

项目四/任务四		交流接触器的拆装		学时:
组长		组员		
序号	工作内容	人员分工	预计完成时间	实际工作情况记录
1	明确任务			
2	制订计划			

续表

项目四/任务四		交流接触器的拆装		学时:	
组长		组员			
3	任务准备				
4	实施装调				
5	检查评估				
6	工作小结				

表 4.19 材料工具清单

工具					
仪表					
器材					
元件	名称	代号	型 号	规 格	数 量

拆装、维修调试低压开关工艺流程如下:

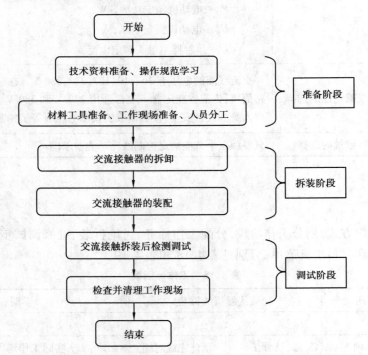

110

三、组织实施

拆装调试过程中必须遵守哪些规定/规则	国家相应规范和政策法规、企业内部规定
拆装调试前的准备	在拆装前,应准备好拆装、维修调试用的工具、材料和设备,并做好工作现场和技术资料的准备工作
在拆装交流接触器时应注意哪些事项	
如何处理交流接触器常见故障	
如何调整交流接触器触头压力	
接触器动作值如何校验	
在安装和调试过程中,采用何种措施减少材料的损耗	分析工作过程,查找相关网站

（一）拆装、维修调试准备

在拆装交流接触器前,应准备好拆装要用的工具、接触器,并做好工作现场和技术资料的准备工作。

1. 工具

拆装所需工具:试电笔、尖嘴钳、一字螺丝刀、十字螺丝刀(3.5 mm)、电工刀、剥线钳、镊子等各 1 把,电流表(5 A)、电压表(600 V)、万用表、工具箱 1 个。

2. 材料和器材

控制板一块、连接导线 BVR-1.0 mm² 、调压器、交流接触器、三极开关、二极开关、指示灯。

3. 工作现场

现场工作空间充足,方便进行拆装调试,工具、材料等准备到位。

4. 技术资料

交流接触器的使用说明书,电流表和电压表的使用说明书;接触器校验电路图;工作计划表、材料工具清单表。

（二）拆装工艺要求

①工具、材料及各元器件准备齐全。

②工具使用方法正确,不损坏工具及各元器件。

③拆卸过程中,应备有盛放零件的容器,以防零件丢失。

④拆卸过程中,不允许硬撬,以防损坏电器。

（三）拆装调试的安全要求

①拆装前应仔细阅读接触器的使用说明书,尤其是安全规则。

②拆装接触器时,拆卸时可按顺序放置各部件,然后按逆顺序装配。

③操作时应注意工具的正确使用,不得损坏工具及元器件。

④拆装完成后,使用万用表检测触头接触是否良好。

⑤接触器校验时,要正确连接电路,正确使用调压器、电流表、电压表,仔细观察接触器动

作过程。

⑥调整触头压力时,方法要正确。

⑦处理接触器故障时,仔细观察故障现象、认真分析故障原因、确定故障范围、采用正确方法排除故障。

（四）拆装调试的步骤

①根据说明书,仔细检查接触器外观,有无损坏或丢失部件,灭弧装置有无破裂。

②选择拆装工具。

③拆卸接触器,按照拆卸顺序放置零部件。

④拆卸后检查:触头磨损程度、触头压力弹簧及反作用弹簧是否变形或弹力测距不足、铁芯有无变形及端面接触是否平整、电磁线圈是否有短路或断路等。

⑤按拆卸的逆顺序装配接触器。

⑥装配好后,对接触器进行整体检测,万用表电阻挡检测线圈及各触头是良好;用兆欧表检测各触头间绝缘电阻是否符合要求;用按下主触头检查运行部分是否灵活。

1. 接触器拆装步骤(可配教学视频)

步骤1:卸下灭弧罩紧固螺钉,取下灭弧罩。

步骤2:拉紧主触头定位弹簧夹,取下主触头及触头压力弹簧片。拆卸主触头时必须将主触头侧转45°后取下。

步骤3:松开辅助常开静触头的接线桩螺钉,取下常开触头。

步骤4:松开接触器底部的盖板螺钉,取下盖板。

步骤5:取下静铁芯缓冲绝缘纸片及静铁芯。

步骤6:取下静铁芯支架及缓冲弹簧。

步骤7:拔出线圈接线端的弹簧夹片,取下线圈。

步骤8:取下反作用弹簧。

步骤9:取下衔铁和支架。

步骤10:从支架上取下动铁芯定位销。

步骤11:取下动铁芯及缓冲绝缘纸片。

装配接触器按拆卸逆顺进行。

2. 交流接触器的校验步骤

步骤1:将装配好的接触器接入校验电路,如图4.19所示。

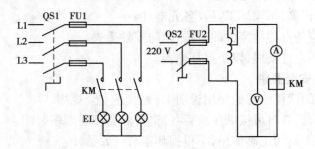

图4.19　接触器动作值校验电路

步骤 2:选择电流表、电压表量程并调零,将调压器输出电压置于零位。

步骤 3:合上 QS1 和 QS2,均匀调节调压器输出电压,使电压上升到线圈吸合为止,此时电压表的读数为接触器动作电压值。该项电压应小于或等于线圈吸引电压的 0.85 倍。

步骤 4:保持吸合电压值,通断开关 QS2,做两次冲击闭合试验,以校验动作可靠性。

步骤 5:均匀降低调压器电压至衔铁释放,此时电压表值为接触器释放电压,释放电压应大于或等于吸合电压的 0.5 倍。

步骤 6:将调压器电压调至线圈吸引电压,观察铁芯有无振动和噪声,从指示灯的明暗可判别主触头的接触情况。

3. 触头压力的调整步骤

步骤 1:将接触器线圈接入与其电压相符的电源电路中。

步骤 2:将一张厚约 0.1 mm、比触头稍宽的纸条夹在触头间。

步骤 3:合上电源开关,使接触器吸合,即三对主触头闭合。

步骤 4:用手拉动纸条,若稍用力纸条能拉出,说明触头压力合适。

4. 故障检修步骤:

步骤 1:教师在接触器上人为设置故障 2~3 处。

步骤 2:将接触器线圈通电,观察故障现象。

步骤 3:根据故障现象分析故障原因,确定故障范围。

步骤 4:选择合适方法排除故障。

步骤 5:故障排除后通电检验,直至故障全部排除为止。

四、检查评估

该项目的检查主要包括安全操作、拆装、检修检测、校验及调整及工具仪表使用 5 个方面,检查表格见表 4.20。

表 4.20 检查表

考核项目		配分	扣分	得分
安全操作	违反以下安全操作要求	损坏电器元件	0		
		严重违反安全规程	0		
	安全与环保意识	操作中掉工具、掉零部件	5		
		工作现场有垃圾等	5		
拆装	接触器的拆装	不按要求进行拆装	10		
		拆装不熟练	5		
		丢失零部件	5		
		拆卸后不能组装	10		
		损坏零部件	5		

续表

考核项目			配分	扣分	得分
检修检测	接触器的检修、检测	未进行检修或检修无效果	10		
		检修步骤及方法不正确	5		
		扩大故障(无法修复)	5		
校验调整	校验及调整	不能进行通电校验	10		
		校验方法不正确	5		
		校验结果不正确	5		
		通电时有振动	5		
工具仪表使用	工具的使用	工具使用规范	5		
	仪表的使用	不能正确使用仪表	5		
合　计			100		

【知识拓展】

直流接触器

直流接触器主要供远距离接通和分断额定电压 440 V,额定电流 1 600 A 以下的直流电力线路之用。并适用于直流电动机的频繁启动、停止、换向及反接制动。

如图 4.20 所示为常用的几种直流接触器外形图。

图 4.20　常用的直流接触器外形图

1. 直流接触器型号及意义

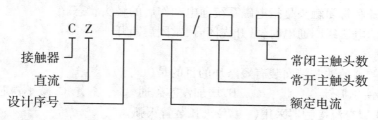

2. 直流接触器结构

直流接触器主要由电磁系统、触头系统、灭弧装置 3 部分组成。

（1）电磁系统

由线圈、动铁芯（衔铁）和静铁芯 3 部分组成。由于线圈通过的是直流电流，铁芯不会产生磁滞损耗和涡流损耗而发热，因此铁芯可用整块铸铁或铸钢制成，铁芯端面也不需要嵌装短路环。但在磁路中常用非磁性垫片，以减小剩磁的影响，保证线圈断电后衔铁可靠释放。另外，直流接触器线圈匝数比交流接触器线圈匝数多，电阻大，铜损大，所以接触器发热以线圈本身发热为主，为了使线圈散热良好，常将线圈做成长而薄的圆筒状。

（2）触头系统

直流接触器的触头也有主辅之分。由于主触头通断电流大，常采用指形滚动触头，以延长触头使用寿命。辅助触头的通断电流小，多采用双断点桥式触头，可有若干对。

（3）灭弧装置

直流接触器的主触头在分断较大电流时，会产生强烈的电弧。由于直流电弧不像交流电弧有自然过零点，因此在同样的电气参数下，熄灭直流电弧比熄灭交流电弧要困难，直流接触器一般采用磁吹式灭弧装置结合其他方法灭弧。

直流接触器的工作原理、电气符号与交流接触器的工作原理、电气符号相同。

【想一想】 直流接触器与交流接触器能否互换使用？为什么？

【任务小结】

①接触器的分类及选用。

②交流接触器的结构、型号、工作原理、用途及电气符号。

③直流接触器的结构、型号、工作原理、用途及电气符号。

④交流接触器的检修、校验及调整。

【思考与练习】

一、填空题

1. 交流接触器主要由_____、_____和_____组成。

2. 交流接触器的电磁系统主要由_____、_____和_____。

3. 交流接触器的辅助部件包括_____，_____、_____及底座、接线桩等。

4. CJ10-10 型交流接触器采用的灭弧方法是_____。

5. 交流接触器常见故障有_____、_____和_____。

二、判断题

1. 接触器具有欠电压和过电压保护。 （　　）

2.交流接触器发热的主要部件是铁芯,直流接触器发热的部件是线圈。　　　　（　　）

3.所谓常开和常闭触头是指电磁系统通电动作后的触头状态。　　　　　　　（　　）

4.接触器的电磁线圈通电时,常开先闭合,常闭后断开。　　　　　　　　　　（　　）

三、选择题

1.交流接触器的铁芯端面装有短路环的目的是（　　　　）。

　　A.减小铁芯振动　　　　　　　B.增加铁芯磁通　　　　　　　C.减小铁芯磁通

2.CJ10-20 型交流接触器采用（　　　）灭弧装置灭弧。

　　A.纵缝　　　　　　　　　　　B.栅片　　　　　　　　　　　C.双断点电动力

3.直流接触器一般采用（　　　）灭弧装置灭弧。

　　A.纵缝　　　　　　　　　　　B.栅片　　　　　　　　　　　C.磁吹式

四、简答题

1.交流接触器与直流接触器在结构上有什么区别?

2.交流接触器与直流接触器能否交换使用? 为什么?

任务五　继电器的认识与检修

　　一台空调机,当室内温度达到预先设定值时,其感温装置会自动发出指令,使空调机停止工作。对于电动机电路,人们也常常需要这样的装置,它能根据如电流、电压、时间、速度、温度等信号的变化而发出指令,接通或断开电路,从而实现对电动机及其线路的保护或对各种生产机械的自动控制。电工技术中,具有这种功能的装置称为继电器。继电器的结构如何? 怎样对它进行调试和检修? 通过本任务的学习与实践,相信你会弄明白这些问题。

【工作过程】

工作步骤		工作内容
收集信息	资信	获取以下信息和知识: 　　继电器的含义、结构、分类 　　中间继电器的作用、型号、结构、符号、工作原理及选用 　　热继电器的作用、分类、型号、结构、符号、工作原理及选用 　　时间继电器的作用、分类、型号、结构、符号、工作原理及选用 　　电流继电器、电压继电器、速度继电器、压力继电器等继电器的作用、型号、符号、工作原理
决策计划	决策	确定继电器种类、数量 确定识别继电器的方法 确定拆装、检修、校验与调试继电器的工具 确定继电器的拆装、检修、校验及调试工序
	计划	根据继电器电气要求设计拆装、检修计划 根据拆装、检修要求填写材料和工具清单

续表

工作步骤		工作内容
组织实施	实施	识别继电器前将所有继电器的型号说明遮蔽,不让学生看见熔断器的型号规格、标志、技术文件资料 根据继电器的外观来识别继电器的型号、类别等,并能正确说出其适用范围 能按要求对热继电器进行校验 时间继电器的检修和校验
检查评估	检查	是否能正确识别常用继电器;能否正确校验热继电器;能否正确校验时间继电器
	评估	能正确识别继电器的类别 能正确校验热继电器 能正确检修和校验时间继电器 团队精神 工作反思

一、收集信息

继电器是一种根据电量(I,U等)或非电量(热、时间、转速、压力等)的变化来接通或断开小电流电路,以完成自动控制或保护电气传动装置的电器。一般不直接控制电流较大的主电路,而是通过接触器或其他电器对主电路进行控制。同接触器相比,其触头分断电流小(小于5 A)、结构简单、体积小、质量轻、反应灵敏、动作准确、工作可靠。

继电器主要由感测机构、中间机构和执行机构3部分构成。感测机构把感测到的电量或非电量传递给中间机构,并将其与预定值相比较,当达到预定值时,中间机构便使执行机构动作,从而接通或断开电路。

按输入信号的性质可将继电器分为:中间继电器、热继电器、时间继电器、电流继电器、电压继电器、速度继电器、压力继电器等,见表4.21。

表4.21　继电器的种类

继电器	外　形	继电器	外　形
时间继电器		热继电器	

续表

继电器	外　形	继电器	外　形
电流继电器		电压继电器	
中间继电器		速度继电器	
温度继电器		光电继电器	

(一) 中间继电器

中间继电器是以增加控制电路中信号数量或将信号放大的继电器。其触头较多,无主辅之分,各对触头允许通过的电流相同,多为 5 A,可控制多个元件或回路。

1. 中间继电器的型号及意义

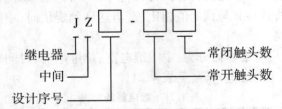

2. 中间继电器的外形、结构及工作原理
外形、结构及工作原理与接触器基本相同。

3. 中间继电器的电气符号
中间继电器的电气符号如图 4.21 所示。

4. 中间继电器的选用
根据被控制电路的电压等级、所需触头数量、种类、容量等方面的技术要求选择中间继电器。

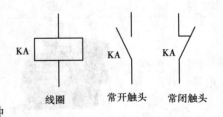

图 4.21　中间继电器的符号

（二）热继电器

热继电器是利用电流的热效应原理工作的保护电器，在电路中作电动机的过载保护。

热继电器的种类很多，常见的有双金属片式、热敏电阻式、易熔合金式。其中，应用最广泛的是双金属片的热继电器，其外形及结构如图4.22所示，它主要由热元件、双金属片和触头3部分组成。

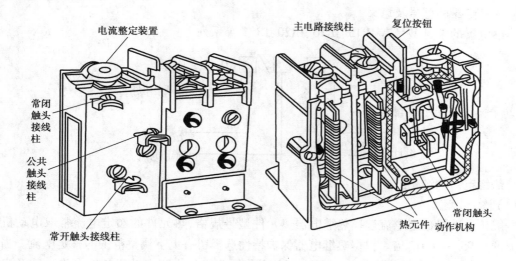

图4.22 热继电器结构示意图

1.热继电器的工作原理

如图4.23所示，当电动机正常运行时，热元件产生的热量虽能使双金属片弯曲，但还不足以使继电器动作。当电动机过载时，流过热元件的电流增大，热元件产生的热量增加，使双金属片产生的弯曲位移增大，经过一定时间后，双金属片推动导板使继电器常闭触头和动触头断开，切断电动机控制电路。

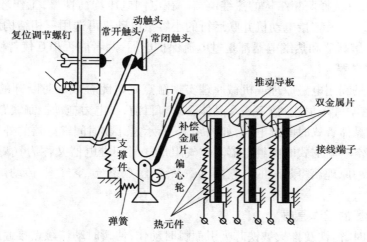

图4.23 热继电器内部组成

119

热继电器动作后,一般不能立即自动复位,待电流恢复正常、双金属片复原后,再按复位按钮,才能使常闭触点回到闭合状态。

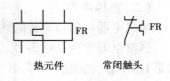

图 4.24　热继电器电气符号

2. 热继电器的电气符号

热继电器的电气符号如图 4.24 所示。

3. 热继电器的型号及意义

热继电器的常见型号有 JR15、JR16、JR20、JRS1 等系列。

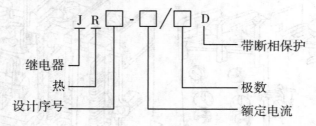

4. 热继电器的选用

（1）整定电流

一般按电动机额定电流选择热继电器热元件型号规格,热元件的额定电流常取电动机额定电流的 0.95 ~ 1.05 倍。根据热继电器保护特性选择留有上下调整范围的整定电流。当电动机长期过载 20% 时应可靠动作,且继电器的动作时间必须大于电动机长期允许过载及启动的时间。整定电流一般取额定电流的 1.2 倍。

（2）返回时间

根据电动机的启动时间,按 3、5 及 8 s 返回时间,选取 6 倍额定电流,以下具有相应可返回时间的热继电器。

（3）极数

一般情况下,可选择两相结构的热继电器。在电网电压均衡性差;工作环境恶劣;很少有人看管的电动机。与大容量电动机并联运行的小容量电动机可选用三相结构的热继电器。

【想一想】　熔断器和热继电器都是过电流保护电器,两者能否相互代替使用？为什么？

（三）时间继电器

时间继电器是利用电磁原理或机械原理实现触点延时闭合或延时断开的自动控制电器。它的种类很多,有空气阻尼式、数字式及晶体管式。目前,在电力拖动控制线路中,应用较多的是空气阻尼式和晶体管式时间继电器,如图 4.25 所示是几款时间继电器的外形图。

这里只介绍空气阻尼式时间继电器。空气阻尼式时间继电器又称为气囊式时间继电器,是利用空气阻尼的原理获得延时的。它由电磁系统、触点系统、空气室、传动机构和基座组成,如图 4.26 所示。

1. 时间继电器的工作原理

当线圈通电时,衔铁及推板被铁芯吸引而瞬时动作,使瞬时动作触点接通或断开。但是活塞杆和杠杆不能同时跟着衔铁一起下落,因为活塞杆的上端连着气室中的橡皮膜,当活塞杆在宝塔弹簧的作用下开始运动时,橡皮膜随之向下凹,上面空气室的空气变得稀薄而使活塞杆受

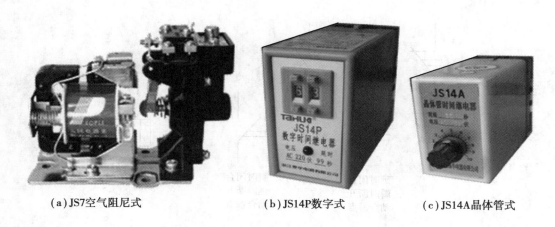

(a) JS7空气阻尼式　　　　　(b) JS14P数字式　　　　　(c) JS14A晶体管式

图 4.25 时间继电器

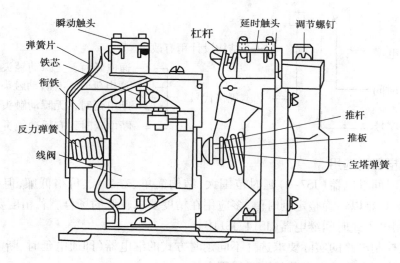

图 4.26 JS7-A 型时间继电器结构图

到阻尼作用而缓慢下降。经过一定时间,活塞杆下降到一定位置,便通过杠杆推动延时触点动作,使动断触点断开,动合触点闭合。从线圈通电到延时触点完成动作,这段时间就是继电器的延时时间。延时时间的长短可以用螺钉调节空气室进气孔的大小来改变。当线圈断电后,继电器依靠反力弹簧的作用而复原。空气经出气孔被迅速排出。

　　JS7-A 系列断电延时型和通电延时型时间继电器的组成元件是通用的,若将图 4.26 中通电延时型时间继电器的电磁机构旋出固定螺钉后反转 180°安装,即为断电延时型时间继电器。

　　【练一练】 试分析断电延时型时间继电器的工作原理。

　　2. 时间继电器的电气符号

　　时间继电器的电气符号如图 4.27 所示。

　　3. 时间继电器的型号及意义

　　常用的时间继电器有 JS7、JS14、JS23、JS11S 等系列。

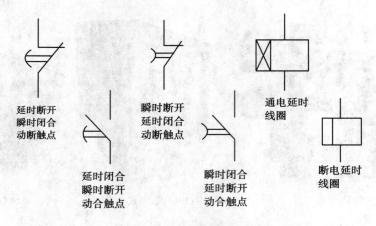

图 4.27　时间继电器的符号

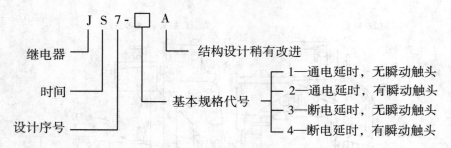

4. 时间继电器的选用

①空气式时间继电器(JS7-A)延时范围大、结构简单、寿命长、价格低廉,但延时误差大、无调节刻度指示,难以精确整定延时值,多应用在精度要求较低的场合。若精度要求较高的场合,可考虑选用电子式时间继电器(JS14、JS11S)。

②根据被控制电路的实际要求选择不同延时方式的继电器(即通电延时、断电延时)。

③根据被控制电路的电压选择电磁线圈电压。

二、决策计划

确定工作组织方式,划分工作阶段,分配工作任务,讨论拆装、维修调试步骤和工作计划,填写工作计划表和材料工具清单,分别见表 4.22 和表 4.23。

表 4.22　工作计划表

项目四/任务五		继电器的认识与检修		学时:
组长		组员		
序号	工作内容	人员分工	预计完成时间	实际工作情况记录
1	明确任务			
2	制订计划			
3	任务准备			

续表

项目四/任务五	继电器的认识与检修	学时：
4	实施装调	
5	检查评估	
6	工作小结	

表4.23　材料工具清单

工具					
仪表					
器材					
元件	名　称	代号	型　号	规　格	数　量

拆装、维修调试继电器工艺流程：

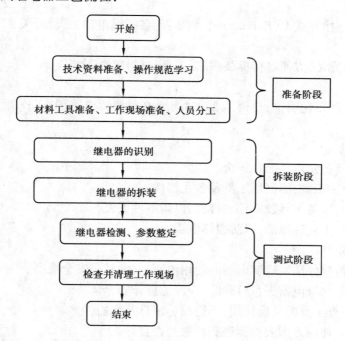

三、组织实施

拆装调试过程中必须遵守哪些规定/规则	国家相应规范和政策法规、企业内部规定
拆装调试前的准备	在拆装前,应准备好拆装、维修调试用的工具、材料和设备,并做好工作现场和技术资料的准备工作

续表

识别继电器时应注意哪些事项	
在校验和调整热继电器时应注意哪些事项	
在检修和校验时间继电器时应注意哪些事项	
如何处理热继电器和时间继电器的常见故障	
在安装和调试过程中,采用何种措施减少材料的损耗	分析工作过程,查找相关网站

(一)识别、校验、调整准备

在识别、校验、调整继电器前,应准备好所需要用的工具、继电器,并做好工作现场和技术资料的准备工作。

1. 工具

拆装所需工具:试电笔、尖嘴钳、一字螺丝刀、十字螺丝刀(3.5 mm)、电工刀、剥线钳、镊子、电烙铁等各 1 把,电流表(5 A)、万用表、秒表、工具箱 1 个。

2. 材料和器材

控制板 1 块、连接导线 BVR-1.0 mm^2、调压器、各类继电器、三极开关、二极开关、指示灯。

3. 工作现场

现场工作空间充足,方便进行拆装调试,工具、材料等准备到位。

4. 技术资料

各类继电器的使用说明书;热继电器、时间继电器校验电路图;工作计划表、材料工具清单表。

(二)工艺要求

①工具、材料及各元器件准备齐全。

②工具使用方法正确,不损坏工具及各元器件。

③拆卸过程中,应备有盛放零件的容器,以防零件丢失。

④拆卸过程中,不允许硬撬,以防损坏电器。

(三)安全要求

①校验、调整前应仔细阅读继电器的使用说明书,尤其是安全规则。

②热继电器、时间继电器进行校验时,应注意操作安全。

③操作时应注意工具的正确使用,不得损坏工具及元器件。

④拆装完成后,使用万用表检测触头接触是否良好。

⑤校验时,要正确连接电路,正确使用调压器、电流表,仔细观察接触器动作过程。

⑥处理继电器故障时,仔细观察故障现象、认真分析故障原因、确定故障范围、采用正确方法排除故障。

(四)识别、校验、调整的步骤

①识别常用继电器类型,并说出其名称、型号、作用及符号。

②选择准备所需工具、电器、技术资料等。

③校验热继电器,熟悉热继电器的结构和工作过程,掌握其校验、调整方法。

④检修和校验时间继电器,熟悉时间继电器的结构并能检修其触头。

1. 常用继电器的识别步骤

步骤1:熟悉各继电器型号,以便识别时,根据其铭牌上所标明的型号判别类型。

步骤2:仔细观察各类继电器的外形及内部结构。

步骤3:对任意8只用胶布盖住铭牌的继电器进行编号。

步骤4:继电器的识别,将各电器的名称、型号规格、主要组成部分及用途填入表4.24。

表4.24 继电器的识别

序号	1	2	3	4	5	6	7	8
名称								
型号								
结构								
用途								

2. 热继电器校验步骤

步骤1:拆下热继电器的后盖,仔细观察内部结构,并将部件名称、作用填入表4.25。

表4.25 热继电器内部结构及作用

机构名称	作 用

步骤2:校验调整可按图4.28所示的电路在控制板上安装好各元件→检查线路连接正确无误→将调压器输出电压调至零位,热继电器置于手动复位状态并将整定旋钮置于额定值处合上电源开关 QS,指示灯亮→将调压器输出电压从零开始上调,调至额定值,此时热继电器不会动作→将电流升至1.2倍额定电流,20 min 内热继电器动作指示灯灭;若不动作,则应调小整定值→将电流调至零,待热继电器冷却并手动复位后,再调升电流至1.5倍,继电器应在2 min 内动作→将电流调至零,待继电器冷却并复位后,快速调升电流至6倍额定值,分断 QS 再随即合上,其动作时间应大于5 s。

步骤3:调整复位方式。

3. 时间继电器检修和校验步骤

步骤1:配齐元件,并检查其质量、规格和型号是否符合要求。

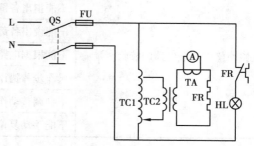

图4.28 热继电器校验电路

125

步骤2:检修时间继电器触头:松开微动开关紧固螺钉,取下微动开关→检查触头是否完好,若有生锈或氧化、熔焊等应进行修复→按拆卸逆顺装配触头→手动检查微动开关接触是否良好。

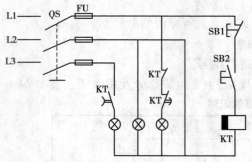

图4.29 时间继电器校验电路

步骤3:将通电延时型时间继电器改装成断电延时型时间继电器:取下线圈和铁芯总体部件→将总部件沿水平方向旋转180°,重新装好→观察延时触头的动作情况,将其调整到最佳位置→旋紧各安装螺钉,进行手动检查。

步骤4:通电校验可按图4.29所示的电路在控制器上安装好各元件→检查线路连接无误→合上电源开关QS,观察校验电路指示灯的工作情况,校验时间继电器的动作是否符合要求。

四、检查评估

该项目的检查主要包括继电器识别、校验调整、工量具使用、安全操作4个方面,检查表格见表4.26。

表4.26 检查表

考核项目			配分	扣分	得分
安全操作	违反以下安全操作要求	损坏电器元件	0	100	
		严重违反安全规程	0		
	安全与环保意识	操作中掉工具、掉零部件	2.5		
		工作现场有垃圾等	2.5		
继电器识别	继电器的识别	名称写错或写漏	5		
		型号规格写错或写漏	5		
		结构写不完整	5		
		作用写错或没写出	5		
校验调整	热继电器的校验	不能正确检验热继电器	5		
		不能指出各部件的名称	5		
		不能说出各部件的作用	5		
		不能根据电路图接线	5		
		操作步骤错误	5		
		不会调整动作值	5		
		不能手动复位	5		

续表

考核项目			配分	扣分	得分
校验调整	时间继电器的校验及调整	检修、改装时丢失或损坏零件	5		
		改装错误或扩大故障	5		
		检修和改装步骤或方法不对	5		
		检修或改装后不能装配	5		
		不能进行通电校验	5		
		校验电路接错	5		
		元件安装不牢固	5		
工具仪表使用	工具的使用	工具使用规范	2.5		
	仪表的使用	不能正确使用仪表	2.5		
合　计			100		

【知识拓展】

电流继电器、电压继电器、速度继电器和压力继电器

表4.27列出了各继电器常见型号、符号及应用等。

表4.27　各种继电器常见型号、符号图示

继电器	输入		常见型号	电气符号	使用说明
电流继电器	过电流	电流（线圈串联在被测电路中）	JT4 系列 JT12 系列 JT14 系列	KA KA KA KA I< I> 欠电流继电器线圈 过电流继电器线圈 常开触头 常闭触头	当继电器中电流超过预定值时,引起开关电器有延时或无延时动作,对电动机实施过载和短路保护,主要用于频繁启动和重载启动场合
	欠电流		JL14-Q 系列		当继电器中电流减小到低于其整定值时动作。其动作电流一般为线圈额定电流的30% ~65%,释放电流为线圈额定电流的10% ~20%
电压继电器	过电压	电压（线圈并联在被测电路中）	JT4-A 系列	KV KV KV KV U< U> 欠电压继电器线圈 过电压继电器线圈 常开触头 常闭触头	当电压大于整定值时动作,动作电压可在105% ~120% 额定电压范围内调整,用于电路或设备作过载保护
	欠电压		JT4-P 系列		当电压降至某一规定值时动作,欠电压继电器释放电压可在40% ~70% 额定范围内整定,零压继电器的释放电压可在10% ~35% 额定范围内调节

续表

继电器	输入	常见型号	电气符号	使用说明
速度继电器	速度	JY1 型 JFZ0 型	KS n—常开触头 KS n—常闭触头	动作速度一般不低于 100～300 r/min,复位转速约在 100 r/min 以下
压力继电器	压力	YJ、YT126系列	KP p—常开触头 KP p—常闭触头	装在油(或气、水)路中,当管路中的压力超过整定值时动作

【任务小结】

①继电器的概念、结构及分类。

②中间继电器的结构、型号、工作原理、用途及电气符号。

③热继电器的结构、型号、工作原理、用途及电气符号。

④时间继电器的检修、校验及调整。

【思考与练习】

一、填空题

1.热继电器主要由_____、_____、_____、_____、复位机构和温度补偿元件等部分组成。

2.继电器主要由_____、_____和_____3部分组成。

3.空气阻尼式时间继电器又称为_____,根据触头延时的特点可分为_____和_____两种。

4.热继电器在机床控制线路中主要起_____保护,将它的_____接在控制线路中,将_____接主电路中,当电动机发生_____时,电动机电流超过额定值时,热继电器动作,切断电源。

5.中间继电器是用来增加控制电路中的_____或将信号_____的继电器,其输入信号是_____,输出信号是_____。

二、判断题

1.热继电器具有欠电压和过电压保护。 （   ）

2.中间继电器发热的主要部件是铁芯,热继电器发热部件是线圈。 （   ）

3.过流继电器在线圈通过额定电流时,铁芯与衔铁是吸合的。 （   ）

4.过电压继电器在线圈两端电压为额定电压时,铁芯与衔铁是吸合的。 （   ）

三、选择题

1.热继电器主要用于电动机（   ）保护。

　　A.短路　　　　　　B.过载　　　　　　C.过压

2.热继电器使用时,其热元件与电动机的定子绕组(　　)。

　　A.串联　　　　　　　B.并联　　　　　　　C.混联

3.中间继电器触头对数多,没有主辅之分,各触头过电流相同,多数为(　　) A。

　　A.2　　　　　　　　B.4　　　　　　　　C.5

四、简答题

1.热继电器与熔断器在电动机控制电路中各起什么作用? 能否互相替换?

2.中间继电器与接触器的原理基本相同,能否交换使用? 为什么?

项目五　电动机基本控制线路的安装与调试

【项目描述】

电气控制在生产、科学研究及其他各个领域的应用十分广泛。各种电气控制设备种类繁多、功能各异、所需电器种类和数量各不相同，构成的控制线路也不相同，有的比较简单，有的则相当复杂。但任何复杂的控制线路也是由一些比较简单的基本电气控制电路有机地组合而成。电动机常见的基本控制线路有：点动控制线路、单向启动控制线路、正反转控制线路、降压启动控制线路、调速控制线路和制动控制线路等。

如图5.1所示为Z3050摇臂钻床电气控制线路模拟电路板，将电动机M、电磁阀YA用灯泡代替，看起来很复杂，但实际上它是由一些比较简单的基本控制线路组合而成，冷却泵电动机4M由开关QS2手动控制，主轴电动机1M由按钮SB1、SB2和接触器KM1控制单向连续运转，摇臂升降电动机2M由按钮SB3、SB4和接触器KM2、KM3控制点动正反转，液压泵电动机3M由按钮SB5、SB6和接触器KM4、KM5控制点动正反转等。只要将各基本控制线路的结构、工作原理及接线关系弄清楚，无论机械设备电气控制线路有多复杂，学习起来将变得异常简单。

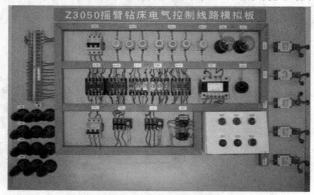

图5.1　Z3050摇臂钻床电气控制线路模拟板

【项目要求】

知识：
➢ 能正确阅读电气控制电路图；
➢ 能说出电动机基本控制线路的组成；
➢ 能分析电动机基本控制线路的工作原理；
➢ 能根据拖动要求设计电气控制线路。

技能：
➢ 能正确绘制电气原理图、接线图与布置图；
➢ 能熟练掌握电气线路的安装要求及工艺要求；
➢ 能熟练地安装基本控制电路；

130

➤ 能熟练、准确无误地排除常见电气和机械故障。

情感态度：

➤ 能积极参与各种教学实践活动,分享活动成果；

➤ 能以良好的学习态度、团结合作、协调完成教学活动；

➤ 能自觉遵守课堂纪律,维持课堂秩序；

➤ 具有较强的节能、安全、环保和质量意识。

任务一　电动机单向启动控制线路的安装

根据电气原理图和接线图,在考虑经济、合理和安全的情况下,制订安装调试计划,正确选择工具、导线、低压电器和电动机(可用 3 只灯泡代替电动机)等,与他人合作安装电动机手动控制线路、点动控制线路和单向启动控制线路。

【工作过程】

工作步骤		工作内容
收集信息	资信	获取以下信息和知识： 电气原理图的结构 电气原理图和接线图绘制要求 手动控制电路的组成及工作原理 点动控制线路的组成及工作原理 单向启动控制线路的组成及工作原理
决策计划	决策	确定导线规格、颜色及数量 确定电动机(或灯泡)、低压电器的类型和数量 确定电动机(或灯泡)、低压电器的安装方法 确定电动机单向控制电路安装和调试的专业工具 确定电动机单向控制电路安装调试工序
	计划	根据电气原理图编制安装调试计划 填写电动机单向启动控制线路安装调试所需电器、材料和工具清单
组织实施	实施	安装前对电动机(或灯泡)、低压电器等电气元件的外观、型号规格、数量、标志、技术文件资料进行检验 根据图纸和设计要求,正确绘制布局图,根据布局图进行电动机(或灯泡)、低压电器等电器安装 根据原理图绘制接线图,再根据接线图在元件布局图上完成电动机单向控制电路连接 进行电动机单向启动控制电路检测、调试及试运行
检查评估	检查	电气元件安装位置及接线是否正确,接线端接头处理是否符合工艺标准(技术规范)
	评估	电动机单向控制电路的安装、检测、调试各工序的实施情况 电动机单向启动控制电路安装成果运行情况 团队精神 工作反思

一、收集信息

（一）电动机手动控制电路

如图 5.2 所示的砂轮机是用低压刀开关手动控制的。电源开关向上扳动时,砂轮机运转;向下扳动时,砂轮机停止。

从图 5.2(b)可以看出,手动控制线路非常简单,元件少,图形直观,安装接线方便,这种图称为实物接线图,将所用电器元件安装在一张配电板上就构成控制电路板。但电器元件以实物绘制起来也是相当麻烦的,因此,人们通常用国家统一规定的电气符号(图形符号和文字符号)来表示电路元件和连接关系,这种电路图称电路原理图,简称电路图。图 5.2(c)为砂轮电机的电路原理图,用它可分析电路的结构、作用和工作原理。

由图 5.2(c)容易看出,砂轮机控制线路由三相电源 L1、L2、L3,熔断器、低压开关和三相异步电动机构成。当线路出现短路时,熔断器会熔断,起保护作用。手动控制不适用于控制条件要求较高、容量较大的电动机控制电路。

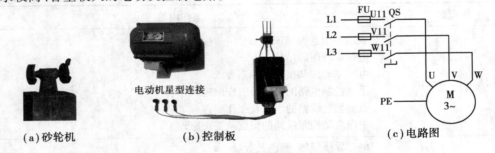

(a)砂轮机　　　　(b)控制板　　　　(c)电路图

图 5.2　手动控制单向启动控制线路

【想一想】　手动控制砂轮电动机控制电路有何优点和缺点? 能否用某种低压电器代替低压开关来实现自动控制?

（二）点动控制线路

1.点动控制

手动控制线路线路简单,元件少,但操作劳动强度大,安全性差,不便于实现远距离控制和频繁操作。实际生产中,许多生产机械的部件之间调整相对位置时,需要用点动来控制,如车床车刀位置调整、钻床钻头位置调整等。如图 5.3 所示为点动控制线路,它用按钮、接触器来控制电动机点动运转。由如图 5.3(a)所示的电路图中可以看出,三相电源 L1、L2、L3,低压开关 QS,熔断器 FU1 组成电源电路;接触器 KM 主触头和电动机组成主电路;熔断器 FU2、按钮 SB 和接触器 KM 线圈组成控制电路。显然,点动控制的工作原理可叙述为:

按下按钮电动机就通电运转,松开按钮电动机就失电停转,这种控制称为电动机的点动控制。电动葫芦的起重机、车床拖板箱快速移动电动机和摇臂钻床升降电动机等都采用点动控制方式。

【想一想】　QS、FU1、FU2、KM 主触头各起什么作用?

从如图 5.3(a)所示电路中不难看出,该电路是由低压开关、熔断器、交流接触器、按钮等常用的低压电器及各种规格导线连接而成的。如何将这些元器件连接实现电动机转动? 如何

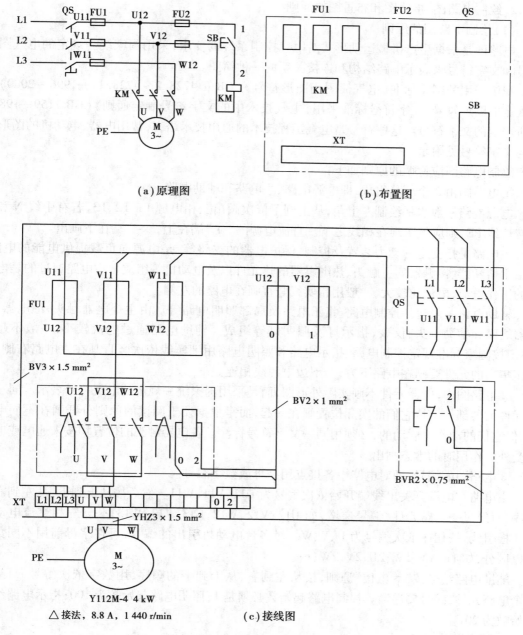

(a)原理图　　　　　　　　　　　(b)布置图

(c)接线图

图5.3　点动控制线路

将这些元器件安装和调试才能符合电动机制控制要求？如果电路出现故障该怎样对它进行检修？带着这些问题,结合后面介绍的方法亲自实践一下就会发现,原来安装、检修电动机的控制线路是如此简单。

将各种低压电器组合起来,让电动机按要求去运转,并对其进行保护的电路称为电动机控制电路。电动机控制电路常用电路图、接线图和布置图来表示。

2. 绘制电路图、接线图和布置图的原则

（1）绘制电路图的原则

电路图是根据生产机械运动形式对电气控制系统的要求，采用国家统一规定的电气图形符号和文字符号来表示电路结构和连接关系的一种简图。

我国采用的国家标准《电气简图用图形符号》（GB/T 4728.2～4728.13—1996～2000）中所规定的图形符号，文字符号标准采用《电气技术中的文字符号制定通则》（GB 7159—1987）中所规定的文字符号。这些符号是电气工程技术的通用技术语言，常用电器、电动机的图形符号与文字符号见附录。

绘制电路图应遵循的原则如下：

①电路图由 3 个部分组成，即电源电路、主电路和辅助电路。

电源电路一般水平绘制左上角，从上到下依次画出三相电源 L1、L2、L3，若有中线 N 和保护接地线 PE，则应依次画在相线之下。直流电源的"＋"端在上，"－"端在下画出。

主电路是指受电的动力装置及控制、保护电器的支路等，是电源向负载提供电能的电路，它由主熔断器、接触器的主触头、热继电器的热元件以及电动机等组成。主电路通过的是电动机的工作电流，电流比较大，一般用粗实线竖直画在电路的左侧。

辅助电路一般包括控制电路、指示电路及局部照明电路等。由主令电器触头、继电器、接触器线圈和辅助触头、仪表、指示灯及照明灯等组成。辅助电路通过电流较小，一般不超过 5 A。按国家标准规定控制电路、指示电路和照明电路用细实线依次竖直画在主电路右侧，且电压集中的元件要画在电路下方，与下边电源线相连。

②电路图中，电器元件不画实际外形图，而是采用国家统一规定的电气符号表示。同一电器元件的各部件不按它们的实际位置画在一起，而是根据便于阅读的原则分开画在不同电路中，但它们的动作是联动的，必须用同一文字符号标注。各电器触头的位置均按未通电或电器未受外力作用时的常态画出。

③电路图的编号，即对电路中各接点用字母或数字编号。

主电路在电源开关出线端开始依次编号为 U11、V11、W11。然后按从上到下、从左到右的顺序，每经过一电路元件，编号递增，如 U12、V12、W12；U13、V13、W13；…。三相交流电动机的 3 根引线，按相序依次编号为 U、V、W。对多台电动机引出的编号，可在字母前用不同数字加以区分，如 1U、1V、1W；2U、2V、2W；…。

辅助电路编号按"等电位"原则，按从左到右，从上到下的顺序，用数字依次编号，每经过一个电路元件，编号要递增。控制电路起始数必须是 1；照明电路起始数为 100；指示电路编号起始数为 201。

（2）布置图

布置图是根据电器元件在控制板上的实际位置，采用简化的外形符号绘制的一种简图。它不表示各电器的具体结构、作用、接线情况以及工作原理，主要用于安装电器元件。布置图各电器的文字符号应与电路图、接线图一致，如图 5.3（b）所示。

（3）绘制接线图的原则

接线图是根据电气设备和电器元件的实际位置和安装情况绘制的，它只用来表示电气设备和电器元件的位置、配线方式和接线方式。是电气施工的主要图样，主要用于安装接线、线路检修和故障处理。

①接线图中应示出：电气设备和电器元件的相对位置、文字符号、端子号、导线号、导线类型、导线规格等。

②各电气设备和电器元件应按实际安装位置绘制在图纸上，且同一电器元件的各部件应根据实际结构画在一起，并用点划线框上，其文字符号和接线端子编号应与电路图中的标注一致。

③接线图中导线有单根导线、导线组、电缆等之分，可用连续线或中断线表示。凡走向一致的导线可合并，用线束表示，到接线端子板或电器元件的连接点时再分别画出。用线束表示导线组、电缆时，可加粗线条，并应标注导线及管子的型号、根数和规格。

（三）单向启动控制电路

点动控制线路只能用于短时工作制的生产机械，一般用于调整生产机械的相对位置。而实际上，常常要求电动机连续运转，点动控制显然不能满足生产实际的需要。此时，可在点动控制基础上，保持主电路不变，在控制电路上稍加修改即可。

1. 单向启动控制线路的电路

如图 5.4 所示是单向启动的控制线路。在控制线路中，串联停止按钮 SB2，在启动按钮 SB1 两端并联接触器的辅助常开触头。热继电器的热元件串接在三相主电路中，热继电器的常闭触头串接在控制电路中，就构成如图 5.4（a）所示的单向启动的控制电路。该电路的工作原理可叙述为：合上电源开关 QS。

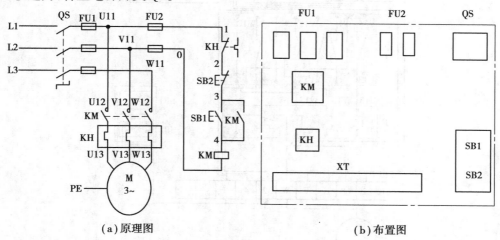

（a）原理图　　　　　　　　　　　　　　　（b）布置图

图 5.4　单向启动控制线路

启动：

按下SB1→KM线圈得电━━→KM主触头闭合━━━→电动机M启动运转
　　　　　　　　　　└KM辅助触闭合自锁┘

停止：

按下 SB2→KM 线圈失电→KM 主触头、辅助触头断开→电动机 M 停

由工作原理分析可知，当启动按钮松开时，接触器通过自身的辅助常开触头使其线圈保持得电的作用称为自锁。与启动按钮并联起自锁作用的辅助常开触头称为自锁触头。

【想一想】　该电路都设置了哪些保护？热继电器和熔断器均是保护电器，两者能相互替用吗？

若电源电压过低或突然断电,使接触器线圈两端电压过低或消失,这样,接触器会因电磁吸力不足或无电磁吸力,在反作用弹簧的作用下会自动释放,主触头和自锁触头同时分断,自动切断主电路和控制电路的电源,电动机失电停转,起欠压和失压保护作用;若电动机发生过载,过载电流通过热继电器的热元件,经过一段时间后,热元件受热弯曲,使触头分断,切断控制电路的电源,接触器线圈失电,主触头、辅助触头复原,电动机 M 停转,起过载保护。

在电动机控制电路中,熔断器主要作用是短路保护,而热继电器的主要作用是过载保护,这两种保护虽然均属过电流保护,但仍有区别,过载电流一般在 10 倍额定电流及以下,因此过载保护属于延时保护方式,即热继电器双金属片受热膨胀弯曲需要一定时间。而电动机发生短路时电流很大,是正常工作电流几十、几百,甚至上千、上万倍,热继电器还没来得及动作,供电线路和电源设备可能就已经损坏,因此,短路保护属于瞬时保护,只能选择熔断器担当短路保护的职责,当电路发生短路时,熔断器应立即熔断。可见,热继电器和熔断器不能互相替用。

2. 单向启动控制线路接线图(见图 5.5)

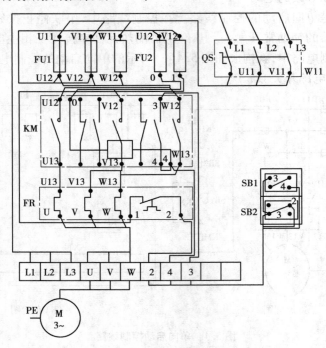

图 5.5　电动机单向启动控制接线图

请根据电路图认真阅读接线图中连接线的走向,各导线组有多少根线,导线规格是多大,用什么型号、种类的导线等。

二、决策计划

确定工作组织方式,划分工作阶段,分配工作任务,讨论安装调试工艺流程,并填写工作计划表和材料工具清单,分别见表 5.1 和表 5.2。

表 5.1 工作计划表

项目五/任务一	电动机单向启动控制线路的安装			学时：	
组长		组员			
序号	工作内容	人员分工	预计完成时间	实际工作情况记录	
1	明确任务				
2	制订计划				
3	任务准备				
4	实施装调				
5	检查评估				
6	工作小结				

表 5.2 材料工具清单

工具					
仪表					
器材					
元件	名称	代号	型号	规格	数量

安装调试电动机单向启动控制线路工艺流程如下：

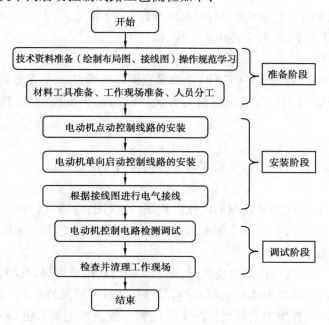

三、组织实施

组织实施	
安装调试过程中必须遵守哪些规定/规则	国家相应规范和政策法规、企业内部规定
安装调试前的准备	在安装调试前,应准备好安装调试用的工具、材料和设备,并做好工作现场和技术资料的准备工作
在安装电动机(或灯泡)、低压电器、等电器元件时都应注意哪些事项	
在安装电动机点动、单向启动控制电路时,导线规格的选择	
在安装和调试时,应特别注意的事项	
如何使用仪器仪表对电路进行检测	
在安装和调试过程中,采用何种措施减少材料的损耗	分析工作过程,查找相关网站

(一)安装调试准备

在安装调试前,应准备好安装调试用的工具、材料和设备,并做好工作现场和技术资料的准备工作。

1. 工具

安装所需工具:钢丝钳、尖嘴钳、斜口钳、剥线钳、一字螺丝刀、十字螺丝刀(3.5 mm)、电工刀、起子(3.5 mm)等各1把,数字万用表1块、锯弓1把。

2. 材料和器材

实训工作台和木板、导线 BV-0.75BVR 型多股铜芯软线、2.5 平方塑料铝芯线、行线槽、扎线带、木螺钉、电动机(或白炽灯泡),三极刀开关、熔断器、交流接触器、热继电器、双联按钮、接线端子。

3. 工作现场

现场工作空间充足,方便进行安装调试,工具、材料等准备到位。

4. 技术资料

电动机点动控制、单向启动控制的电气原理图、接线图;电动机(或灯泡组)、熔断器、低压开关、接触器、热继电器、按钮等的安装要求;工作计划表、材料工具清单表。

(二)安装工艺要求

图 5.3(c)是电动机点动控制的接线图,图 5.5 是电动机单向启动控制的接线图。

①备齐工具、材料,请按图选配电器元件和器材,并进行质量检查。

②安装元件。按布置图中电器元件的实际位置在控制板上安装电器元件,并贴上醒目的文字符号。

③布线。按接线图的走线方法,进行布线。

工艺要求:

a. 布线通道尽可能少,主、控电路分类集中,布线顺序是以接触器为中心,由里向外,由低至高,先控制电路后主电路紧,单层密排,紧贴安装面板布线。

b. 布线应横平竖直,分布均匀,走向一致导线应贴紧成束。变换走向时应垂直转向。

c. 长线必须沉底,不允许架空,不允许交叉,避免不了交叉时,则应在接线端引出线时采用水平架空跨越。

d. 导线与接线端子或接线桩连接时,不得压绝缘层,不允许反圈、不允许裸露过长(一般不超过2 mm)。

e. 电器元件的同一接线端子上的连接导线不得多于两根,接线端子板上连接导线只能连接一根。

④工具使用方法正确,不损坏工具及各元器件。

⑤导线剥削处不应损伤线芯或线芯过长,导线压头应牢固可靠。

⑥接线端子各种标志应齐全,接线端接触应良好。

⑦通电试车。试车前必须征得教师同意,并由教师指导下通电试车;试车时要认真执行安全操作规程的有关规定;通电试车完毕,停转切断电源。

(三)安装调试的安全要求

①安装前应仔细阅读数据表中每个电器元件的特性数据,尤其是安全规则。

②安装各部件时,应注意底板是否平整。若底板不平,元器件下方应加垫片,以防安装时损坏元器件。

③低压开关、熔断器的受电端应装在控制板外侧;各元件的安装位置应整齐、匀称,间距合理,便于元件更换;紧固各元件时,用力要均匀。

④操作时应注意工具的正确使用,不得损坏工具及元器件。

⑤通电试验时,操作方法应正确,确保人身及设备的安全。

(四)安装调试的步骤

①根据技术图纸,分析电气回路,明确线路连接关系。

②准备工具和元器件。

③安装元器件,连接电气回路。

安装步骤:完成图5.6和图5.7配电板安装。

步骤1:根据布局图安装确定各低压电器的位置,且固定安装各低压电器。

步骤2:根据接线图连接电气线路。

步骤3:根据检查电路安装是否正确,经指导教师同意后方可通电试运行。

步骤4:在教师指导下,利用万用表对电路进行检测和排故。

四、检查评估

该项目的检查主要包括3个方面:组装、检测调试和安全操作。检查表格见表5.3。

表 5.3　检查表

考核项目			配分	扣分	得分
安全操作	违反以下安全操作要求	发生触电事故、短路事故、损坏电器、损坏仪表等	5	100	
		未经教师同意,自行带电操作			
		严重违反安全规程			
	安全与环保意识	电动机外壳没接地	5		
		操作中敲打电器	5		
		操作中掉工具、掉线,垃圾随地乱丢	5		
组装及工具使用	低压开关的安装	低压开关安装正确	5		
	电动机(或灯泡组)的安装	电动机(或灯泡组)接线正确	5		
	熔断器的安装	熔断器的安装正确	5		
	接触器的安装	接触器的安装正确	5		
	热继电器的安装	热继电器的安装正确	5		
	按钮的安装	按钮的安装正确	5		
	电气线路的连接	线路连接正确	10		
	工具的使用	工具使用规范	5		
	仪表的使用	仪表使用正确	5		
	通电检测	元件位置正确,接线正确	5		
	检查电气接线	检测方法得当,结果正确	5		
	检测无误后,规范布线	电线整齐,规范	10		
检测调试	调试系统功能	会正确检测调试	5		
	分析原因并排除故障	会查找故障并能排除	5		
合　计			100		

【知识拓展】

机床设备正常工作时,一般需要电动机处在连续运转状态。但在试车或调整刀具与工件的相对位置时,又需点动控制,实现这种工艺要求的线路是连续与点动混合控制线路,如图5.8所示,请分析其工作原理。

【任务小结】

①电动机基本控制线路有:点动控制、单向启动控制、正反转控制、降压启动控制、时间控制、行程控制、顺序控制、多地控制等。

②电动机点动控制电路的组成、工作原理。

③电动机单向启动控制电路的组成、工作原理。

④熔断器、热继电器、接触器在电路中的作用。

⑤绘制电路图、接线图和布局图的原则。

图5.6　单向启动控制板

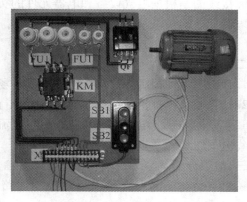

图5.7　单向启动控制电动机

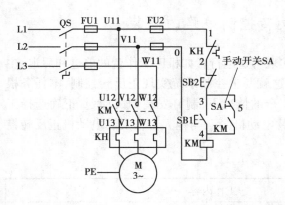

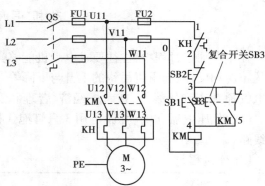

图5.8　连续与点动混合控制电路图

【思考与练习】

一、填空题

1.电路图由_____、_____和_____3个部分组成。

2.主电路是指受电的动力装置及控制、保护电器的支路等,是电源向负载提供电能的电路,它由_____、_____、_____的热元件以及_____等组成。主电路通过的是电动机的工作电流,电流比较大,一般用_____画在电路的左侧。

3.按下按钮电动机就通电运转,松开按钮电动机就失电停转,这种控制称为电动机的_____。

4.辅助电路一般包括_____、_____及_____等。由主令电器触头、继电器、接触器线圈和辅助触头、仪表、指示灯及照明灯等组成。辅助电路通过电流较小,一般不超过

_____。按国家标准规定控制电路、指示电路和照明电路用细实线依次竖直画在主电路_____侧,且电压集中的元件要画在电路_____,与下边电源线相连。

5.电路图中,电器元件不画_____,而是采用国家统一规定的电气符号表示。同一电器元件的各部件不按它们的_____画在一起,而是根据便于阅读的原则分开画在不同电路中,但它们的动作是联动的,必须用同一文字符号标注。各电器触头的位置均按未通电或电器未受外力作用时的常态画出。

6.接线图是根据电气设备和电器元件的实际位置、安装情况绘制的,它只用来表示电气设备和电器元件的位置、配线方式和接线方式。是电气施工的_____,主要用于_____、_____和_____。

二、问答题

1.什么叫点动控制?点动控制用于哪些场合?

2.什么叫自锁?自锁触头为常闭触头可行吗?

3.熔断器和热继电器都是对电路起过电流保护,两者能否互换使用?为什么?

4.电气原理图与接线图有哪些区别?

三、故障分析

一个点动和连续混合单向启动控制线路,通电试车时发现只能点动,试对该线路进行检修。

任务二　电动机正反转控制线路的安装

在生产加工过程中,往往要求电动机能够实现可逆运行。如机床工作台的前进和后退、主轴的正转和反转、起重机吊钩的上升与下降等,这就要求控制系统实现正反转控制,本任务根据电气原理图和接线图,在考虑经济、合理和安全的情况下,制订安装调试计划,正确选择工具、导线、低压电器和电动机(可用 3 只灯泡代替电动机)等,与他人合作安装电动机正反转控制线路。

【工作过程】

工作步骤		工作内容
收集信息	资信	获取以下信息和知识: 　电动机正反转控制电路的组成 　电动机正反转控制线路的工作原理 　电动机正反转控制线路的故障检测
决策计划	决策	确定导线规格、颜色及数量 确定电动机(或灯泡)、低压电器的类型和数量 确定电动机(或灯泡)、低压电器的安装方法 确定电动机正反转控制电路安装和调试的工具 确定电动机正反转控制电路安装调试工序

续表

工作步骤		工作内容
决策计划	计划	根据电气原理图编制安装调试计划 填写电动机正反转启动控制线路,安装调试所需电器、材料和工具清单
组织实施	实施	安装前对电动机(或灯泡)、低压电器等电气元件的外观、型号规格、数量、标志、技术文件资料进行检验 根据图纸和设计要求,正确选定安装位置,进行电动机(或灯泡)、低压电器等电器安装 根据接线图,在元件布局图上完成电动机单向控制电路连接 进行电动机正反转启动控制电路检测、调试及试运行
检查评估	检查	电气元件安装位置及接线是否正确,接线端接头处理是否符合工艺标准
	评估	电动机正反转控制电路的安装、检测、调试各工序的实施情况 电动机正反转启动控制电路安装成果运行情况 团队精神 工作反思

一、收集信息

(一)手动控制电动机正反控制电路

如图5.9所示是电动机正反转接线示意图。

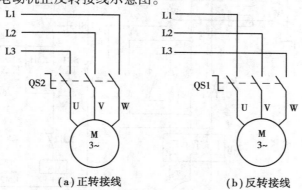

(a)正转接线   (b)反转接线

图5.9 电动机正反转接线示意图

将三相电源线 L1、L2、L3,通过三相电源开关 QS1 分别与三相交流电动机定子绕组的出线端 U、V、W 相连接,如图5.9(a)所示,合上电源开关,观察电动机的旋转方向。

将三相电源线 L1、L2、L3,通过三相电源开关 QS2 分别与三相交流电动机定子绕组的出线端 W、V、U 相连接,如图5.9(b)所示,合上电源开关,再观察电动机的旋转方向。

比较转向得出结论:对通过两次不同接线,发现电动机的旋转方向为相反方向,电动机正转时,定子绕组 U、V、W 的电源相序为 L1、L2、L3(正相序);电动机反转时,定子绕组 U、V、W 的电源相序为 L3、L2、L1(负相序),两个电源相序相反。得出电动机和旋转方向与电源相序有关,要改变电动机的旋转方向只需改变电源的相序,即将接入电动机的三相电源线中任意两相对调即可。

【想一想】 已学过的低压电器中哪种电器可实现电动机正反转控制?

（二）倒顺开关控制电动机正反转控制线路

如图 5.10 所示是用倒顺开关手动控制电动机正反转。倒顺开关是组合开关的一种,它的手柄有"倒""停""顺"3个位置,只能从"停"的位置左转或右转 45°。X62W 万能铣床主轴电动机的旋转方向就是采用倒顺开关来选择实现的。

【想一想】 利用倒顺开关手动控制电动机正反转有何利弊?

用倒顺开关手动控制正反转电路,虽然线路简单,电器少,但手动控制不宜频繁操作,劳动强度大,安全性差,一般只用于控制电流在 10 A、功率在 3 kW 及以下的小容量电动机。在实际生产中,常用按钮、接触器来控制电动机正反转。

（三）接触器联锁的正反转控制线路

如图 5.11 所示为接触器联锁的正反转控制线路。用两

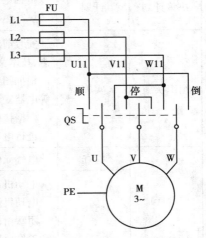

图 5.10 倒顺开关正反转控制线路

个接触的主触头代替图 5.9 电路中的电源开关 QS1、QS2,由按钮 SB1、SB2 分别启动正转接触器 KM1 和反转接触器 KM2,由 SB3 控制停止。

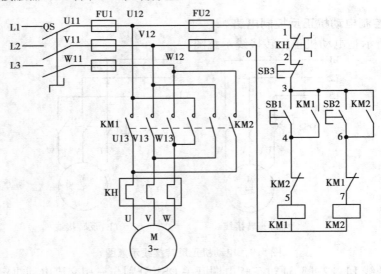

图 5.11 接触器联锁的正反转控制线路

KM1 和 KM2 不允许同时得电,否则将造成电源短路。为了避免两个接触器同时得电动作,在正、反转控制电路分别串联对方的辅助常闭触头。这种控制称为联锁控制,实现联锁控制作用的辅助常闭触头称为联锁触头,联锁符号用"▽"表示。

线路工作过程,合上电源开关 QS

正转启动:

按下SB1→KM1线圈得电
- KM1辅助常闭分断对KM2互锁
- KM1主触头闭合→电动机正转启动运转
- KM1辅助常开闭合自锁

停止：按下 SB3→KM1 线圈失电→KM1 触头复原→电动机失电停转

反转启动：

按下SB2→KM2线圈得电
- KM2辅助常闭分断对KM1互锁
- KM2主触头闭合→电动机反转启动运转
- KM2辅助常开闭合自锁

由工作原理分析可知，电动机从正转变为反转时，必须先停车，再按反转启动按钮，否则由于接触器联锁作用，不能实现反转。线路虽然安全可靠，但不便于操作。

如图 5.12 所示为电动机正反转控制线路的接线图。

【想一想】

（1）怎样克服接触联锁正反控制线路操作不便的缺点？用两个复合按钮代替图 5.11 中的两个启动按钮能否实现？

（2）如图 5.12 所示为接触器联锁正反控制线路接线图，请认真读图，对照电路图找出主电路、控制电路的走线，请在图上标出各导线组中导线根数、导线型号及规格。

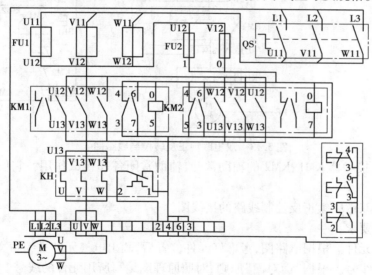

图 5.12　接触器联锁的正反转控制线路接线图

（四）双重联锁正反转控制线路

为了克服如图 5.11 所示接触器联锁的正反转控制线路的操作不便的缺点，电动机正反控制线路一般采用如图 5.13 所示为双重联锁正反转控制线路，该电路既能克服接触器联锁操作不便的缺点，又能使线路操作方便、安全可靠。

线路工作原理，合上电源开关 QS

正转控制：

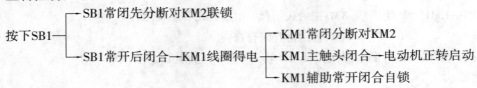

反转控制：

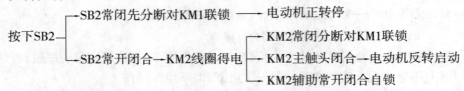

若要停止，按下 SB3，整个电路失电，主触头分断，电动机失电停转。

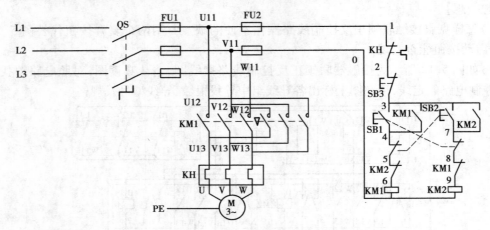

图 5.13 双重联锁正反转控制线路图

【想一想】 接触器 KM1、KM2 的辅助常开、辅助常闭各起什么作用？它们的常开与常闭能否对调使用？

※练习 画双重联锁正反控制线路的接线图。

画图步骤及要求：

①画出电气元件。根据电路图，考虑好元件位置后，画出电气元件且编写文字符号。

②编写元件线号。根据"面对面"原则，对照原理图编写所用元件的线号。

③画出板上控制电路的布线。对照原理图，按线号从小到大的顺序逐一连线。当电路与外围元件连接时，只需引一根线到接线端子即可。

④外围控制电路布线。对照电路图，线号从小到大的顺序逐一连线。当与板上元件连接时，只需引一根线到接线端子即可。

⑤画板上主电路的布线。

⑥外围主电路的布线。

⑦接地线的布线。凡具有金属外壳的元件都必须布接地线。

二、决策计划

确定工作组织方式、划分工作阶段、分配工作任务、讨论安装调试工艺流程和工作计划,并填写工作计划表和材料工具清单,分别见表5.4和表5.5。

表5.4　工作计划表

项目五/任务二		电动机正反转控制线路的安装			学时:
组长		组员			
序号	工作内容	人员分工	预计完成时间	实际工作情况记录	
1	明确任务				
2	制订计划				
3	任务准备				
4	实施装调				
5	检查评估				
6	工作小结				

表5.5　材料工具清单

工具					
仪表					
器材					
元件	名称	代号	型号	规格	数量

三、组织实施

组织实施	
安装调试过程中必须遵守哪些规定/规则	国家相应规范和政策法规、企业内部规定
安装调试前的准备	在安装调试前,应准备好安装调试用的工具、材料和设备,并做好工作现场和技术资料的准备工作
在安装电动机(或灯泡)、低压电器等电器元件时都应注意哪些事项	
在安装电动机正反转控制电路时,导线规格的选择	
在安装和调试时,应特别注意的事项	
如何使用仪器仪表对电路进行检测	
在安装和调试过程中,采用何种措施减少材料的损耗	分析工作过程,查找相关网站

安装调试电动机正反转控制线路工艺流程如下：

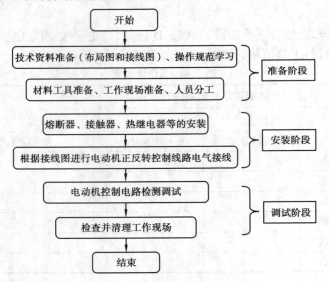

（一）安装调试准备

在安装调试前,应准备好安装调试用的工具、材料和设备,并做好工作现场和技术资料的准备工作。

1. 工具

安装所需工具:钢丝钳、尖嘴钳、斜口钳、剥线钳、一字螺丝刀、十字螺丝刀(3.5 mm)、电工刀、起子(3.5 mm)等各1把,数字万用表1块、锯弓1把。

2. 材料和器材

实训工作台和木板、导线 BV-0.75BVR 型多股铜芯软线、2.5 平方塑料铝芯线、行线槽、扎线带、木螺钉、电动机(或白炽灯泡)、三极刀开关、熔断器、交流接触器、热继电器、三联按钮、接线端子等。

3. 工作现场

工作场地空间充足,方便进行安装调试,工具、材料等准备到位。

4. 技术资料

电动机正反转控制的电气原理图、接线图;电动机(或灯泡组)、熔断器、低压开关、接触器、热继电器、按钮等的安装要求;工作计划表、材料工具清单表。

（二）安装工艺要求

图 5.13 是电动机双重联锁正反转控制的电气原理图。

①备齐工具、材料,请按图选配电器元件和器材,并进行质量检查。

②安装元件。按布置图中电器元件的实际位置在控制板上安装电器元件,并贴上醒目的文字符号。

③布线。按接线图的走线方法,进行布线。

工艺要求:

a.布线通道尽可能少,主、控电路分类集中,布线顺序是以接触器为中心,由里向外,由低至高,先安装控制电路后安装主电路,单层密排,紧贴安装面板布线。

b.布线应横平竖直,分布均匀,走向一致导线应贴紧成束。变换走向时应垂直转向。

c.长线必须沉底,不允许架空;不允许交叉,避免不了的交叉时,则应在接线端引出线时采用水平架空跨越。

d.导线与接线端子或接线桩连接时,不得压绝缘层,不允许反圈、不允许裸露过长(一般不超过2 mm)。

e.电器元件的同一接线端子上的连接导线不得多于两根,接线端子板上连接导线只能连接一根。

④工具使用方法正确,不损坏工具及各元器件。

⑤导线剥削处不应损伤线芯或线芯过长,导线压头应牢固可靠。

⑥接线端子各种标志应齐全,接线端接触应良好。

⑦通电试车。试车前必须征得教师同意,并由教师指导下通电试车;试车时要认真执行安全操作规程的有关规定;通电试车完毕,停转切断电源。

(三)安装调试的安全要求

①安装前应仔细阅读数据表中每个电器元件的特性数据,尤其是安全规则。

②安装各部件时,应注意底板是否平整。若底板不平,元器件下方应加垫片,以防安装时损坏元器件。

③低压开关、熔断器的受电端应装在控制板外侧;各元件的安装位置应整齐、匀称,间距合理,便于元件更换;紧固各元件时,用力要均匀。

④操作时应注意工具的正确使用,不得损坏工具及元器件。

⑤通电试验时,操作方法应正确,确保人身及设备的安全。

(四)安装调试的步骤

完成图5.14控制电路板安装。

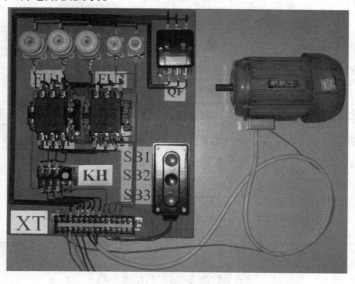

图5.14　控制电路板安装

①根据技术图纸,分析电气回路,明确线路连接关系。

②按给定的标准图纸选工具和元器件。

③安装元器件,连接电气回路。

安装步骤:

根据图5.13电动机双重联锁正反转电气原理图,绘制其安装接线图,交指导教师检查确认正确后方可进行安装。

步骤1:准备好木制配电板。

步骤2:根据布局图安装确定各低压电器的位置,且固定安装各低压电器。

步骤3:根据自己绘制的接线图安装电气线路。

步骤4:根据电气原理图检查电路安装是否正确,经指导教师同意后方可通电试运行。

步骤5:在教师指导下,利用万用表对电路进行检测和排故。

四、检查评估

该项目的检查主要包括组装、检测调试和安全操作3个方面。检查表格见表5.6。

表5.6　检查表

考核项目			配分	扣分	得分
安全操作	违反以下安全操作要求	发生触电事故、短路事故、损坏电器、损坏仪表等	5	100	
		未经教师同意,自行带电操作			
		严重违反安全规程			
	安全与环保意识	电动机外壳没接地	5		
		操作中敲打电器	5		
		操作中掉工具、掉线,垃圾随地乱丢	5		
组装及工具使用	低压开关的安装	低压开关安装正确	5		
	电动机(或灯泡组)的安装	电动机(或灯泡组)接线正确	5		
	熔断器的安装	熔断器的安装正确	5		
	接触器的安装	接触器的安装正确	5		
	热继电器的安装	热继电器的安装正确	5		
	按钮的安装	按钮的安装正确	5		
	电气线路的连接	线路连接正确	10		
	工具的使用	工具使用规范	5		
	仪表的使用	仪表使用正确	5		
	通电检测	元件位置正确,接线正确	5		
	检查电气接线	检测方法得当,结果正确	5		
	检测无误后,规范布线	电线整齐,规范	10		

考核项目		配分	扣分	得分
检测调试	调试系统功能	会正确检测调试	5		
	分析原因并排除故障	会查找故障并能排除	5		
合　计			100		

【知识拓展】

检查和分析故障的方法

常用的电气控制电路故障检查与分析方法有以下几种：

（1）调查研究法

主要是通过以下几个方面来进行分析、检修；询问设备操作工人，看有无由于故障引起的明显的外观征兆，听设备各元器件在运行时的声音与正常运行时有无明显差异，用手摸电气发热元件及电路的温度是否正常等。

（2）试验法

在不损伤电器、机械设备的条件下，可进行通电试车。一般可先点动试验各控制环节的动作程序，若发现某一电器动作不符合要求，即说明故障范围在与此电器有关的电路中。然后在这一部分故障电路中进一步检查，便可找出故障点。

（3）逻辑分析法

逻辑分析法是根据电气控制电路工作原理，控制环节的动作原理，以及它们之间的联系，结合故障现象作具体的分析，迅速的缩小检查范围，然后判断故障所在。逻辑分析法是一种以准为前提、以快为目的的检查方法，它更适合用于对复杂电路的故障检查。在使用时，应根据电气原理图，对故障现象作具体分析，在划出可疑范围后，再借鉴试验法，对与故障回路有关的其他控制环节进行控制，就可排除公共支路部分的故障，使貌似复杂的问题变得条理清晰，从而提高维修的针对性，可以收到准而快的效果。

（4）电阻测量法

利用万用表的电阻挡检测元件是否存在短路或断路故障，必须在断电情况下进行，这样比较安全，该方法在实用中使用比较多。

（5）电压测量法

利用万用表交流电压挡进行带电检测。该方法检修断相故障较快。

（6）导线短接法

适用于在电路带电状态下判断触头的接触不良和导线的断路故障。

总之，电动机控制电路的故障不是千篇一律的，即使同一种故障现象，发生的部位不一定相同。所以在检修故障时，不要生搬硬套，而应按不同的故障情况灵活处理，力求迅速准确地找出故障点，判断故障原因，及时准确地排除故障。

【任务小结】

①手动控制、接触器联锁控制和双重联锁控制的电动机正反转控制线路组成、原理及优缺点。

②双重联锁控制的电动机正反转控制线路接线特点。

③检查与排除故障的方法。

④熔断器、热继电器、接触器在各电路中的作用。

【思考与练习】

一、填空题

1. 为了避免正转和反转时两接触器_____造成相间短路,在两接触器线圈所在控制电路上加上_____。

2. 在接触器联锁的正反转控制线路中,电动机从正转到反转时,必须先_____后,才能_____,否则,由于接触器的_____,不能_____,会给操作带来不便。

二、判断题

1. 接触器联锁的正反转控制线路中,两个接触器可用不同型号和不同种类。( )

2. 双重联锁的正反转控制电路是所有正反控制电路中最可靠的一种。( )

3. 安装接线时,紧固电器元件用力要均匀,且越紧固越好。( )

任务三　电动机Y-△降压启动控制线路的安装

前面所学习的控制电路都是通过接触器主触头直接将电源引至电动机的定子绕组,电动机得电运转,属于直接启动,又称全压启动。电动机启动瞬间,启动电流一般会达到额定电流的 4~7 倍。如此大的电流,势必导致电网电压下降,这不仅减小了电动机本身的启动转矩,还会影响同一供电线路的其他电气设备的正常工作。大容量电动机启动时,这种现象尤为严重。

为了减小电动机的启动电流,通常对较大容量的电动机采用降压启动,即启动时降低定子绕组上的电压,正常运行时恢复额定电压。一般情况下,电源容量在 180 kV·A 以上,电动机容量在 7 kW 及以下三相异步电动机,采用直接启动。

判断一台电动机能否直接启动,可用下面的经验公式来确定:

$$\frac{I_{st}}{I_N} \leqslant \frac{3}{4} + \frac{P_S}{4P_N}$$

式中　I_{st}——电动机全压启动电流,A;

　　　I_N——电动机额定电流,A;

　　　P_S——电源变压器容量,kV·A;

　　　P_N——电动机额定功率,kW。

凡满足此公式的电动机采用直接启动,不满足直接启动条件的,都采用降压启动。

降压启动是指利用启动设备将电压降低后,加到电动机的定子绕组上进行启动,待电动机转速上升且接近额定转速时,切除启动设备,使电动机全压运行。

三相异步电动机降压启动方法有很多,常有定子绕组串电阻降压启动、Y-△降压启动、自耦变压器降压启动和延边三角形降压启动。

本任务根据电气原理图和接线图,在考虑经济、合理和安全情况下,制订安装调试计划,正

确选择工具、导线、低压电器和电动机(可用 3 只灯泡代替电动机)等,与他人合作安装电动机
Y-△降压启动控制线路。

【工作过程】

工作步骤		工作内容
收集信息	资信	获取以下信息和知识: 　三相异步电动机降压启动的意义、方法和原理 　电动机Y-△降压启动控制线路的组成、工作原理和故障检测 　电动机自耦变压器降压启动控制线路的组成、工作原理和故障检测 　电动机延边三角形降压启动控制线路组成、工作原理、故障检测及电动机定子绕组的连接方式
决策计划	决策	确定导线规格、颜色及数量 确定电动机(或灯泡)、低压电器的类型和数量 确定电动机(或灯泡)、低压电器的安装方法 确定电动机降压启动控制电路安装和调试的工具 确定电动机降压启动控制电路安装调试工序
	计划	根据电气原理图编制安装调试计划 填写电动机降压启动控制线路安装调试所需电器、材料和工具清单
组织实施	实施	安装前对电动机(或灯泡)、低压电器等电气元件的外观、型号规格、数量、标志、技术文件资料进行检验 　根据图纸和设计要求,正确选定安装位置,进行电动机(或灯泡)、低压电器等电器安装 　根据接线图,在元件布局图上完成电动机单向控制电路连接 　进行电动机降压启动控制电路检测、调试及试运行
检查评估	检查	电气元件安装位置及接线是否正确,接线端接头处理是否符合工艺标准
	评估	电动机降压启动控制电路的安装、检测、调试各工序的实施情况 电动机降压启动控制电路安装成果运行情况 团队精神 工作反思

一、收集信息

(一)Y-△降压启动控制线路

1. 手动控制Y-△降压启动控制线路

如图 5.15 所示为手动控制Y-△降压启动控制线路,QS2 为单刀双投三相电源开关,启动时将 QS2 置于"启动"位置,电动机定子绕组便接成Y形降压启动;当电动机转速上升并接近额定转速时,再将 QS2 置于"运行"位置,电动机定子绕组接成三角形全压正常运行。

【想一想】 电动机启动时定子绕组接成星形,加在每相绕组上的启动电压、启动电流和启动转矩分别是三角形接法时的多少倍? Y-△降压启动控制线路适用于定子绕组作何种连接的电动机?

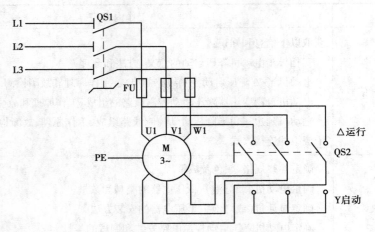

图 5.15 手动控制 Y-△降压启动控制线路

2. 时间继电器自动控制的 Y-△降压启动控制线路

手动控制虽然结构简单,元件少,但操作时劳动强度很大,且在进行 Y、△转换时很难掌控,即什么时候进行切换。若用时间继电器的延时触头来控制,就可满足电动机的控制要求。如图 5.16 所示为时间继电器自动控制的 Y-△降压启动控制线路,该线路由 3 个接触器、1 个热继电器、1 个时间继电器和 2 个按钮组成。

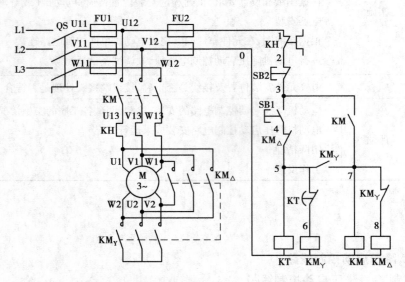

图 5.16 时间继电器控制 Y-△降压启动控制线路

线路的工作过程如下:合上电源开关 QS

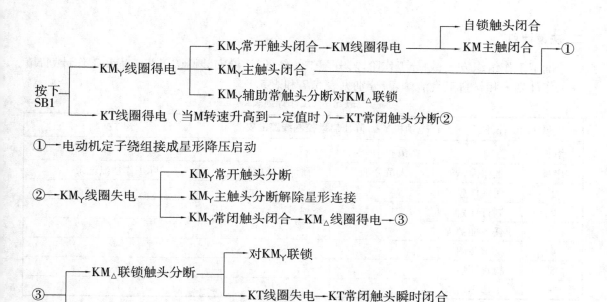

①—电动机定子绕组接成星形降压启动

②—KM_Y线圈失电
├─ KM_Y常开触头分断
├─ KM_Y主触头分断解除星形连接
└─ KM_Y常闭触头闭合→KM_△线圈得电→③

③
├─ KM_△联锁触头分断
│　├─ 对KM_Y联锁
│　└─ KT线圈失电→KT常闭触头瞬时闭合
└─ KM_△主触头闭合→电动机M接成三角形全压运行

停止时,按下 SB2 即可使电动机失电停止。

【想一想】　3 个接触器线圈得电顺序如何?3 个接触器的作用及相互间的联锁控制?

由分析工作原理可知,电动机启动时接成星形,加在电动机定子绕组上电压只有三角形接法的 $1/\sqrt{3}$,启动电流为三角形接法的 $1/3$,启动转矩也有三角形接法的 $1/3$。所以这种启动只适用于轻载或空载启动。凡正常工作时定子绕组接成三角形的电动机都可采用丫-△降压启动方法。

（二）绘制丫-△降压启动控制接线图

1. 绘制丫-△降压启动控制线路接线图的步骤及要求:

①画出电气元件。根据电路图,考虑好元件位置后,画出电气元件,且编写文字符号。

②编写元件线号。根据"面对面"原则,对照原理图编写所用元件的线号。

③画出板上控制电路的布线。对照原理图,按线号从小到大的顺序逐一连线。当电路与外围元件连接时,只需引一根线到接线端子即可。

④外围控制电路布线。对照电路图,线号从小到大的顺序逐一连线。当与板上元件连接时,只需引一根线到接线端子即可。

⑤画板上主电路的布线。

⑥外围主电路的布线。

⑦接地线的布线。凡具有金属外壳的元件都必须布接地线。

2. 丫-△降压启动控制原则

时间继电器自动控制丫-△降压启动控制线路中,应用了两个控制原则:

①按下启动按钮 SB1,电动机的定子绕组接连成星形降压启动;延时一段时间后,电动机自动接成三角形全压运行,实现了丫-△降压启动控制。这种控制原则称为时间控制原则,广泛运用于设备电气控制中。

②按下启动按钮,KM_Y先吸合,KM1 后吸合,用 KM_Y的辅助常开触头串联在 KM1 线圈电路中,控制两者的先后动作顺序,这种控制原则称为顺序控制原则,应用于顺序启动的场合。

二、决策计划

确定工作组织方式,划分工作阶段,分配工作任务,讨论安装调试工艺流程和工作计划,填写工作计划表和材料工具清单表,分别见表5.7和表5.8。

表5.7　工作计划表

项目五/任务三		电动机Y-△降压启动控制线路的安装		学时:
组长		组员		
序号	工作内容	人员分工	预计完成时间	实际工作情况记录
1	明确任务			
2	制订计划			
3	任务准备			
4	实施装调			
5	检查评估			
6	工作小结			

表5.8　材料工具清单

工具					
仪表					
器材					
元件	名称	代号	型　号	规　格	数量

安装调试电动机Y-△降压启动控制线路工艺流程如下:

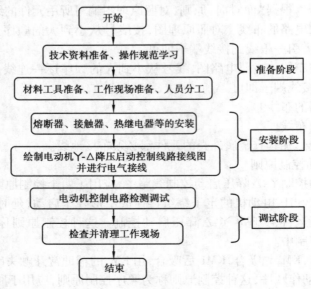

156

三、组织实施

组织实施	
安装调试过程中必须遵守哪些规定/规则	国家相应规范和政策法规、企业内部规定
安装调试前的准备	在安装调试前,应准备好安装调试用的工具、材料和设备,并做好工作现场和技术资料的准备工作
在安装电动机(或灯泡)、低压电器等电器元件时都应注意哪些事项	
在安装电动机Y-△降压启动控制电路时,导线规格的选择	
在安装和调试时,应特别注意的事项	
如何使用仪器仪表对电路进行检测	
在安装和调试过程中,采用何种措施减少材料的损耗	分析工作过程,查找相关网站

(一)安装调试准备

在安装调试前,应准备好安装调试用的工具、材料和设备,并做好工作现场和技术资料的准备工作。

1. 工具

安装所需工具:钢丝钳、尖嘴钳、斜口钳、剥线钳、一字螺丝刀、十字螺丝刀(3.5 mm)、电工刀、起子(3.5 mm)等各1把,数字万用表1块、锯弓1把。

2. 材料和器材

实训工作台和木板、导线 BV-0.75BVR 型多股铜芯软线、2.5 平方塑料铝芯线、行线槽、扎线带、木螺钉、电动机(或白炽灯泡)、三极刀开关、熔断器、交流接触器、热继电器、时间继电器、按钮、接线端子等。

3. 工作现场

现场工作空间充足,方便进行安装调试,工具、材料等准备到位。

4. 技术资料

电动机Y-△降压启动控制的电气原理图、接线图;电动机(或灯泡组)、熔断器、低压开关、接触器、热继电器、按钮等的安装要求;工作计划表、材料工具清单表。

(二)安装工艺要求

图5.16是电动机时间继电器控制Y-△降压启动控制的电气原理图。

①备齐工具、材料,请按图选配电器元件和器材,并进行质量检查。

②安装元件。按布置图中电器元件的实际位置在控制板上安装电器元件,并贴上醒目的文字符号。

③布线。按接线图的走线方法,进行布线。

工艺要求:

a.布线通道尽可能少,主、控电路分类集中,布线顺序是以接触器为中心,由里向外,由低至高,先控制电路后主电路紧,单层密排,紧贴安装面板布线。

b.布线应横平竖直,分布均匀,走向一致导线应贴紧成束。变换走向时应垂直转向。

c.长线必须沉底,不允许架空;不允许交叉,避免不了的交叉时,则应在接线端引出线时采用水平架空跨越。

d.导线与接线端子或接线桩连接时,不得压绝缘层,不允许反圈、不允许裸露过长(一般不超过2 mm)。

e.电器元件的同一接线端子上的连接导线不得多于两根,接线端子板上连接导线只能连接一根。

④工具使用方法正确,不损坏工具及各元器件。

⑤导线剥削处不应损伤线芯或线芯过长,导线压头应牢固可靠。

⑥接线端子各种标志应齐全,接线端接触应良好。

⑦通电试车。试车前必须征得教师同意,并由教师指导下通电试车;试车时要认真执行安全操作规程的有关规定;通电试车完毕,停转切断电源。

(三)安装调试的安全要求

①安装前应仔细阅读数据表中每个电器元件的特性数据,尤其是安全规则。

②安装各部件时,应注意底板是否平整。若底板不平,元器件下方应加垫片,以防安装时损坏元器件。

③低压开关、熔断器的受电端应装在控制板外侧;各元件的安装位置应整齐、匀称,间距合理,便于元件更换;紧固各元件时,用力要均匀。

④操作时应注意工具的正确使用,不得损坏工具及元器件。

⑤通电试验时,操作方法应正确,确保人身及设备的安全。

(四)安装调试的步骤

①根据技术图纸,分析电气回路,明确线路连接关系。

②按给定的标准图纸选工具和元器件。

③安装元器件,连接电气回路。

安装步骤:

根据图5.15所示的电动机Y-△降压启动电气原理图,绘制其安装接线图,交指导教师检查确认正确后方可进行安装。

步骤1:准备好木制配电板。

步骤2:根据布局图安装确定各低压电器的位置,且固定安装各低压电器。

步骤3:根据自己绘制的接线图安装电气线路。

步骤4:根据电气原理图检查电路安装是否正确,经指导教师同意后方可通电试运行。

步骤5:在教师指导下,利用万用表对电路进行检测和排故。

四、检查评估

该项目的检查主要包括组装、检测调试和安全操作3个方面。检查表格见表5.9。

表5.9 检查表

考核项目			配分	扣分	得分
安全操作	违反以下安全操作要求	发生触电事故、短路事故、损坏电器、损坏仪表等	5	100	
		未经教师同意,自行带电操作			
		严重违反安全规程			
	安全与环保意识	电动机外壳没接地	5		
		操作中敲打电器	5		
		操作中掉工具、掉线,垃圾随地乱丢	5		
接线图	电气元件布局	电气元件布局合理	5		
	元件电气符号	元件电气符号正确	5		
	连接线	连接线粗细规范	5		
	电气连接	电气连接正确	5		
组装及工具使用	低压开关的安装	低压开关安装正确	2		
	电动机(或灯泡组)的安装	电动机(或灯泡组)接线正确	2		
	熔断器的安装	熔断器的安装正确	2		
	接触器的安装	接触器的安装正确	3		
	热继电器的安装	热继电器的安装正确	2		
	时间继电器安装	时间继电器安装正确,时间整定准确	3		
	按钮的安装	按钮的安装正确	2		
	电气线路的连接	线路连接正确	10		
	工具的使用	工具使用规范	2		
	仪表的使用	仪表使用正确	2		
	通电检测	元件位置正确,接线正确	5		
	检查电气接线	检测方法得当,结果正确	5		
	检测无误后,规范布线	电线整齐,规范	10		
检测调试	调试系统功能	会正确检测调试	5		
	分析原因并排除故障	会查找故障并能排除	5		
合　计			100		

【知识拓展】

三相异步电动机降压启动方法

一、三相异步电动机——几种常见降压启动方法

除丫-△降压启动外,异步电动机还有几种常用的降压启动方法。

（一）三相自耦变压器降压启动

Y-△降压启动控制线路,启动时在降低定子绕组电压的同时也降低了启动转矩,启动转矩过低,可能会导致启动无力甚至不能启动,为了解决启动时电压不能太高,启动电流不能过大,启动转矩又不能过低的矛盾,可采用自耦调压器降压启动。在电工技术中,应用比较广泛的有手动控制补偿器降压启动和自动控制补偿器降压启动两种。这里主要介绍一下自动控制补偿器降压启动的控制线路。

自耦变压器在结构上与普通变压器的区别在于:铁芯上只有一个绕组 N1,副绕组 N2 是从原绕组 N1 中抽头出来的,原副绕组之间不仅有磁的联系,而且有电的直接联系。由于原副绕组中的电流 I_1、I_2 相位相反,所以自耦变压器中通过公共绕组(N2)的电流比较小,则 N2 部分的导线可选得细一些。自耦变压器具有结构简单、易于制造、节省材料、损耗小、效率高等优点,应用广泛。

用于启动三相异步电动机的自耦变压器是一台三相自耦调压器,它的铁芯是环形,线圈绕在铁芯上,副绕组的抽头是能沿着线圈裸露表面自由滑动的碳刷触头,当移动触头位置时,副绕组匝数 N2 即发生变化,从而可实现平滑调节电压的目的。

1. 自耦变压器降压启动原理

如图 5.17 所示为自耦变压器降压启动原理图。

启动时,合上电源开关 QS1,再将开关 QS2 扳向"启动"位置,此时,电源电压加在自耦变压器一次侧,电动机定子绕组与自耦变压器二次侧相接,即电动机定子绕组上电压是通过自耦变压器降压后的电压,电动机进行降压启动,待电动机转速上升到一定值时(接近额定转速),迅速将开关 QS2 从"启动"位置扳到"运行"位置,这时电动机与自耦变压器脱离而直接与电源相连接,在额定电压下正常运行。

【想一想】 试比较Y-△降压启动与自耦变压器降压启动的优点与不足。

2. 补画自耦变压器降压启动控制电路,并分析工作原理

根据图 5.17 所示自耦变压器降压启动控制原理,补画图 5.18 所示的用时间继电器自动控制自耦变压器降压启动控制线路,并标注电路编号,分析该电路工作原理。

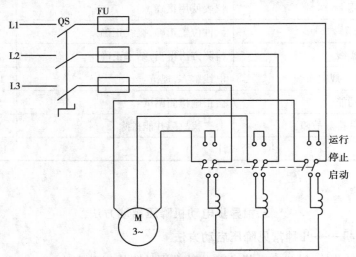

图 5.17 自耦变压器降压启动原理

该电路相当于半成品电路,通过自己所学知识设计完善电路。下面提供一些简单设计完善电路的思路,仅供参考。

设计完善电路时要考虑几个接触器的作用,其触头动作的先后顺序。启动时,接触器 KM1 主触头闭合将电动机定子绕组与自耦变压器二次侧连接,接触器 KM2 主触头闭合将电源电压接入自耦变压器,此时接触器 KM3 不能得电;待电动机转速上升到一定值时,接触器 KM1、KM2 均应失电,让自耦变压器与电源脱离,接触器 KM3 得电吸合,将电动机直接与电源连接,电动机全压运行。接触器 KM3 与接触器 KM1、KM2 应有联锁控制。

【想一想】　在图 5.15 所示电路中,KM1、KM2、KM3 辅助常闭触头各起什么作用?

常用的手动控制自耦补偿器有 QJ3 系列油浸式和 QJ10 系列空气式两种。两者结构上基本相似,主要由箱体、自耦变压器、保护装置、手柄操作机构、触头系统等组成。动作过程与图 5.12 所示控制原理类似,只是适用场合略有区别,QJ3 系列适用于交流 50 Hz 或 60 Hz、电压 440 V 及以下、容量 75 kW 及以下的三相笼型异步电动机的不频繁启动和停止。QJ10 系列适用于交流 50 Hz、电压 380 V 及以下、容量 75 kW 及以下的三相笼型异步电动机的不频繁启动和停止。

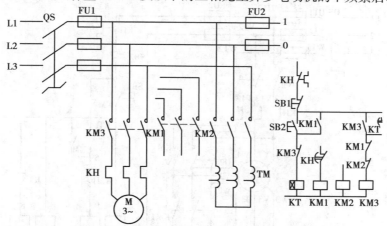

图 5.18　时间继电器自动控制自耦变压器降压启动控制线路

自耦变压器的抽头电压有两种,分别是电源电压 60% 或 80%(出厂时接 60%),启动时可根据电动机负载大小来选择不同的启动电压。其线圈按短时通电设计,只准连续启动两次。

(二)延边三角形降压启动控制

前面已学习丫-△降压启动和自耦变压器降压启动两种降压启动方法,都有各自的不足之处,丫-△降压启动在降低启动电压的同时启动转矩降低过多,自耦变压器降压启动能根据需要,适当降低电动机启动电压,满足启动转矩的需要,可成本较高。为了克服这些缺点,大家一起来认识另一种降压启动方法,即延边三角形降压启动。

1.延边三角形降压启动电动机定子绕组的连接

如图 5.19 所示为延边三角形降压启动电动机定子绕组的连接方式。

延边三角形降压启动的原理是指电动机启动时,把定子绕组一部分接成"△",另一部分接成"丫",使整个绕组接成延边三角形,如图 5.19(a)所示。待电动机启动后,再把电动机定子绕组接成三角形全压运行,如图 5.19(b)所示。

【想一想】　延边三角形降压启动对电动机的定子绕组有何要求?

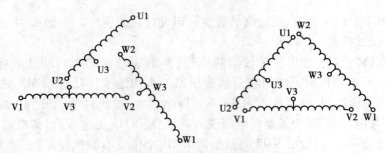

图 5.19 延边三角形降压启动电动机绕组的连接方式

由延边三角形降压启动电动机定子绕组连接方式可知,对一般电动机是不可能完成延边三角形降压启动的,只有特殊电动机,即定子绕组有中间抽头的电动机才能实现延边三角形降压启动。

2. 延边三角形降压启动控制线路

图 5.20 所示为延边三角形降压启动控制线路。

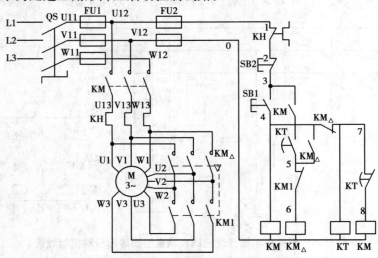

图 5.20 延边三角形降压启动控制线路

工作原理,合上电源开关 QS

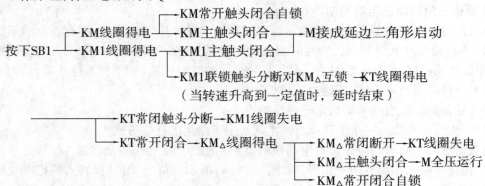

停止时,按下 SB2 即可使电动机失电停止。

延边三角形降压启动是在Y-△降压启动的基础上加以改进而形成的一种启动方式,启动

162

时,把电动机定子绕组接成延边三角形,其每相绕组上的电压可在电源线电压和相电压之间调节,从而克服了Υ-△降压启动时启动电压偏低、启动转矩偏小的缺点。

电动机接成延边三角形时,每相绕组各抽头比的启动特性见表5.10。

表5.10　延边三角形电动机定子绕组不同抽头比的启动特性

定子绕组抽头比 $K = Z1:Z2$	相似于自耦变压器的抽头百分比/%	启动电流为额定电流的倍数 I_{st}/I_N	延边三角形启动时每相绕组电压/V	启动转矩为全压启动时的百分比/%
1:1	71	3~3.5	270	50
1:2	78	3.6~4.2	296	60
2:1	66	2.6~3.1	250	42
当Z2绕组为0时即为Υ连接	58	2~2.3	220	33.3

由此可知,这样不用自耦变压器,通过调节定子绕组的抽头比,就可得到不同数值的启动电流和启动转矩,从而满足不同的使用要求。

【任务小结】

①电动机降压启动的目的是减小启动电流。

②电动机降压启动的条件。一般情况下,电源容量在180 kV·A以上,电动机容量在7 kW及以下三相异步电动机,采用直接启动。

判断一台电动机能否直接启动,可用下面的经验公式来确定:

$$\frac{I_{st}}{I_N} \leqslant \frac{3}{4} + \frac{P_S}{4P_N}$$

式中　I_{st}——电动机全压启动电流,A;

　　　I_N——电动机额定电流,A;

　　　P_S——电源变压器容量,kV·A;

　　　P_N——电动机额定功率,kW。

凡满足此公式的电动机采用直接启动,不满足直接启动条件,都采用降启动。

③电动机降压启动的方法。有定子绕组串电阻降压启动、Υ-△降压启动、自耦变压器降压启动和延边三角形降压启动。

【思考与练习】

一、填空题

1.降压启动就是利用启动设备将_____后加到电动机的_____上进行启动,待电动机启动运转后,再将电压恢复到额定电压正常运转的一种启动方式。

2.降压启动的目的是减小电动机的_____,从而减小了电网的供电负荷。

3.在时间继电器自动控制Υ-△降压启动控制线路的安装过程中,接触器KM_Υ的进线必须从_____末端引入,否则在KM_Υ吸合时,会产生三相电源_____事故。

4.在自耦变压器降压启动控制线路中,电动机启动时,将电动机定子绕组与自耦变压器的_____连接,电源电压与自耦变压器的_____连接,从而降低电动机绕组启动电压。待电动机转速上升到一定值时,让电动机与自耦变压器_____,使电动机在全压下正常运行。

5.安装自耦变压器降压启动控制线路中,布线时要特别注意电路中的 KM2 和 KM3 的_____不能接错,否则,会使电动机的转向在全压运行时_____,甚至由此而损坏电动机。

6.自耦变压器备有 60% 或 80% 两挡抽头,出厂时一般接在_____挡上。

二、问答

1.电动机启动时定子绕组接成星形,加在每相绕组上的启动电压、启动电流和启动转矩分别是三角形接法时的多少倍?

2.Y-△降压启动控制线路适用于定子绕组作何种连接的电动机?

3.简述自耦变压器的结构及工作原理。

4.试分析自耦变压器降压启动控制线路中 KM1、KM2、KM3 辅助常闭触头的作用。

5.对用于延边三角形降压启动控制线路的电动机定子绕组有何要求?

6.延边三角形降压启动在启动时,电动机定子绕组电压应在多大范围内?

任务四 电动机双速控制电路的安装

目前在实际生产中,许多机械设备需要以不同的转速运动,即需要调速。改变设备转速的方法一般有两大类:一种是机械调速,一种是电气调速。机械调速不在本书的学习范围,此处不作讨论,本任务主要学习电动机的电气调速。

根据电气原理图和接线图,在考虑经济、合理和安全的情况下,制订安装调试计划,正确选择工具、导线、低压电器和电动机(可用 3 只灯泡代替电动机)等,与他人合作安装电动机电气调速控制线路。

【工作过程】

工作步骤		工作内容
收集信息	资信	获取以下信息和知识: 三相异步电动机调速的意义、方法 双速异步电动机定子绕组的连接方式 接触器控制双速异步电动机控制线路组成、工作原理及故障检测 时间继电器控制双速异步电动机控制线路的组成、工作原理和故障检测 三速异步电动机控制线路组成、工作原理及电动机定子绕组的连接方式
决策计划	决策	确定导线规格、颜色及数量 确定电动机(或灯泡)、低压电器的类型和数量 确定电动机(或灯泡)、低压电器的安装方法 确定接触器控制双速异步电动机控制电路安装和调试的工具及工序
	计划	根据电气原理图编制安装调试计划 填写接触器控制双速异步电动机控制线路安装调试所需电器、材料和工具清单

续表

工作步骤		工作内容
组织实施	实施	安装前对电动机(或灯泡)、低压电器等电气元件的外观、型号规格、数量、标志、技术文件资料进行检验 根据图纸和设计要求,正确选定安装位置,进行电动机(或灯泡)、低压电器等电器安装 根据接线图,在元件布局图上完成电动机单向控制电路连接 进行接触器控制双速异步电动机控制电路检测、调试及试运行
检查评估	检查	电气元件安装位置及接线是否正确,接线端接头处理是否符合工艺标准
	评估	接触器控制双速异步电动机控制电路的安装、检测、调试各工序的实施情况 接触器控制双速异步电动机控制电路安装成果运行情况 团队精神 工作反思

一、收集信息

双速电动机控制线路

1. 双速电动机定子绕组连接方式

由电动机转速公式 $n=(1-s)\dfrac{60f}{P}$ 可知,异步电动机的调速方法有 3 种,即改变电源频率 f 调速、改变转差率 s 调速和改变磁极对数 P 调速。

本任务学习变磁极对数 P 调速的双速电动机控制线路。

如图 5.21 所示为双速电动机定子绕组的 △/丫丫 连接图。图中三相定子绕组接成三角形,由 3 个连接点引出 3 个出线端 U1、V1、W1,从每相绕组的中点各引出一个出线端 U2、V2、W2,这样,电动机定子绕组共有 6 个出线端。通过改变这 6 个出线端与电源的连接方式,就可得到到两种转速。

电动机低速工作时,就把三相电源分别与 3 个线端 U1、V1、W1 相连接,另外 3 个出线端 U2、V2、W2 空着不接,此时电动机绕组接成三角形,磁极为 4 极,同步转速为 1 500 r/min。

电动机高速工作时,把 3 个出线端 U1、V1、W1 短接在一起,三相电源分别与 U2、V2、W2 相连,此时电动机定子绕组接成双星形,磁极为二极,同步转速为 3 000 r/min。可见双速电动机高速运转时的转速是低速运转时转速的两倍。

值得注意的是,双速电动机定子绕组从一种接法改变为另一种接法时,必须改变电源相序,以保证电动机的旋转方向不变(可参阅电机学中电动机定子绕组展开图)。

【想一想】 双速电动机定子绕组能否由星形变成双星形? 星形接法的转速与双星形接法的转速是什么关系?

星形接法时,每相绕组中两个半相绕组正向串联,此时磁极对数为 p,同步转速为 n_1。双星形接法时,每相中两个半相绕组反关联,磁极对数变为 $p/2$,同步转速为 $2n_1$。

2. 接触器控制双速电动机的控制线路

如图 5.22 所示为接触器控制双速电动机的控制线路。图中按钮 SB1 与接触器 KM1 配合控制电动机低速运转,按钮 SB2 与接触器 KM2、KM3 配合控制电动机高速运转。

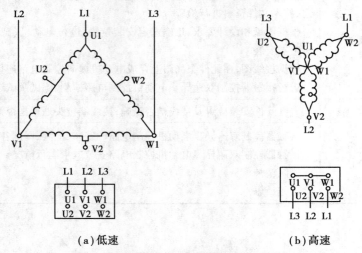

(a)低速　　　　　　　　　　　(b)高速

图 5.21　双速电动机三相定子绕组接线图

线路工作过程,合上电源开关 QS

低速启动运行:

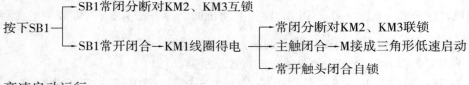

高速启动运行:

电动机 M 高速启动运行:

按下 SB3,电动机停止。

【想一想】　电动机高速运转时能否低速启动?图 5.22 所示电路能实现高速运转——低速启动吗?

3. 时间继电器控制双速电动机的控制线路

电动机启动时,若转速过高,启动不平稳,冲击剧烈,对电动机及其他电器设备造成不良影响,因此,在高速运转时,先经低速启动后再转换为高速运转。

图 5.23 所示为时间继电器控制双速电动机的控制线路图。图中利用时间继电器延时闭合的常开触头 KT-3 控制电动机三角形低速启动时间和△-丫丫的自动换接高速运转。电动机

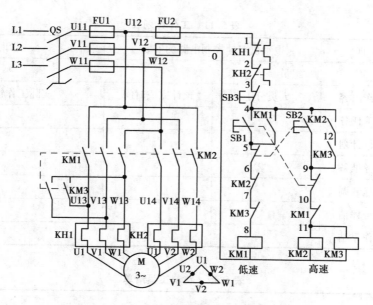

图 5.22　接触器控制双速电动机的电路图

低速运行时,由按钮 SB1 控制;电动机高速运行时,由按钮 SB2 控制低速启动,高速运行。

线路工作原理,请同学们自行分析。

【想一想】　如图 5.23 所示电路中,KM1 与 KM2、KM3 为什么要实行联锁控制? 是由哪些电器元件来完成联锁控制的?

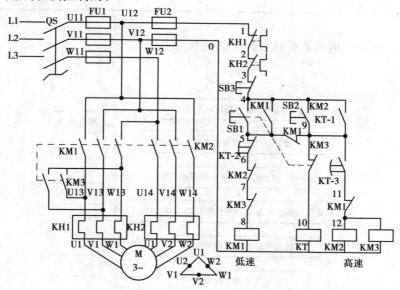

图 5.23　时间继电器控制双速电动机的电路图

二、决策计划

确定工作组织方式,划分工作阶段,分配工作任务,讨论安装调试工艺流程和工作计划,填写工作计划表和材料工具清单,分别见表 5.11 和表 5.12。

表 5.11 工作计划表

项目五/任务四		电动机双速控制电路的安装		学时：
组长		组员		
序号	工作内容	人员分工	预计完成时间	实际工作情况记录
1	明确任务			
2	制订计划			
3	任务准备			
4	实施装调			
5	检查评估			
6	工作小结			

表 5.12 材料工具清单

工具					
仪表					
器材					
元件	名称	代号	型号	规格	数量

安装调试双速异步电动机控制线路工艺流程如下：

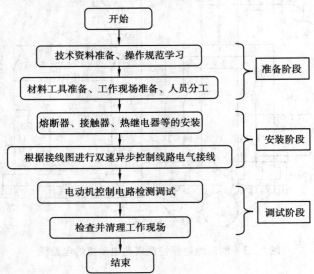

三、组织实施

组织实施	
安装调试过程中必须遵守哪些规定/规则	国家相应规范和政策法规、企业内部规定
安装调试前的准备	在安装调试前,应准备好安装调试用的工具、材料和设备,并做好工作现场和技术资料的准备工作
在安装电动机(或灯泡)、低压电器等电器元件时都应注意哪些事项	
在安装接触器控制的双速异步电动机控制电路时,导线规格的选择	
在安装和调试时,应特别注意的事项	
如何使用仪器仪表对电路进行检测	
在安装和调试过程中,采用何种措施减少材料的损耗	分析工作过程,查找相关网站

(一)安装调试准备

在安装调试前,应准备好安装调试用的工具、材料和设备,并做好工作现场和技术资料的准备工作。

1. 工具

安装所需工具:钢丝钳、尖嘴钳、斜口钳、剥线钳、一字螺丝刀、十字螺丝刀(3.5 mm)、电工刀、起子(3.5 mm)等各 1 把,数字万用表 1 块、锯弓 1 把。

2. 材料和器材

实训工作台和木板、导线 BV-0.75BVR 型多股铜芯软线、2.5 平方塑料铝芯线、行线槽、扎线带、木螺钉、电动机(或白炽灯泡)、三极刀开关、熔断器、交流接触器、热继电器、按钮、接线端子等。

3. 工作现场

现场工作空间充足,方便进行安装调试,工具、材料等准备到位。

4. 技术资料

接触器控制的双速异步电动机控制的电气原理图、接线图;电动机(或灯泡组)、熔断器、低压开关、接触器、热继电器、按钮等的安装要求;工作计划表、材料工具清单表。

(二)安装工艺要求

根据图 5.23 所示的接触器控制的异步电动机双速控制电气原理图。

①备齐工具、材料,请按图选配电器元件和器材,并进行质量检查。

②安装元件。按布置图中电器元件的实际位置在控制板上安装电器元件,并贴上醒目的文字符号。

③布线。按接线图的走线方法,进行布线。

工艺要求：

a.布线通道尽可能少，主、控电路分类集中，布线顺序是以接触器为中心，由里向外，由低至高，先控制电路后主电路紧，单层密排，紧贴安装面板布线。

b.布线应横平竖直，分布均匀，走向一致导线应贴紧成束。变换走向时应垂直转向。

c.长线必须沉底，不允许架空；不允许交叉，避免不了的交叉时，则应在接线端引出线时采用水平架空跨越。

d.导线与接线端子或接线桩连接时，不得压绝缘层，不允许反圈、不允许裸露过长(一般不超过2 mm)。

e.电器元件的同一接线端子上的连接导线不得多于两根，接线端子板上连接导线只能连接一根。

④工具使用方法正确，不损坏工具及各元器件。

⑤导线剥削处不应损伤线芯或线芯过长，导线压头应牢固可靠。

⑥接线端子各种标志应齐全，接线端接触应良好。

⑦通电试车。试车前必须征得教师同意，并由教师指导下通电试车；试车时要认真执行安全操作规程的有关规定；通电试车完毕，停转切断电源。

(三)安装调试的安全要求

①安装前应仔细阅读数据表中每个电器元件的特性数据，尤其是安全规则。

②安装各部件时，应注意底板是否平整。若底板不平，元器件下方应加垫片，以防安装时损坏元器件。

③低压开关、熔断器的受电端应装在控制板外侧；各元件的安装位置应整齐、匀称，间距合理，便于元件更换；紧固各元件时，用力要均匀。

④操作时应注意工具的正确使用，不得损坏工具及元器件。

⑤通电试验时，操作方法应正确，确保人身及设备的安全。

(四)安装调试的步骤

①根据技术图纸，分析电气回路，明确线路连接关系。

②按给定的标准图纸选工具和元器件。

③安装元器件，连接电气回路。

安装步骤：

根据图5.23接触器控制的异步电动机双速控制电气原理图绘制接线图，交指导教师检查确认正确后方可进行安装。

步骤1：准备好木制配电板。

步骤2：根据布局图安装确定各低压电器的位置，且固定安装各低压电器。

步骤3：根据自己绘制的接线图安装电气线路。

步骤4：根据电气原理图检查电路安装是否正确，经指导教师同意后方可通电试运行。

步骤5：在教师指导下，利用万用表对电路进行检测和排故。

四、检查评估

该项目的检查主要包括组装、检测调试和安全操作3个方面。检查表格见表5.13。

表5.13 检查表

考核项目			配分	扣分	得分
安全操作	违反以下安全操作要求	发生触电事故、短路事故、损坏电器、损坏仪表等	5	100	
		未经教师同意,自行带电操作			
		严重违反安全规程			
	安全与环保意识	电动机外壳没接地	5		
		操作中敲打电器	5		
		操作中掉工具、掉线,垃圾随地乱丢	5		
接线图	电气元件布局	电气元件布局合理	5		
	元件电气符号	元件电气符号正确	5		
	连接线	连接线粗细规范	5		
	电气连接线	电气连接正确	5		
组装及工具使用	低压开关的安装	低压开关安装正确	2		
	电动机(或灯泡组)的安装	电动机(或灯泡组)接线正确	2		
	熔断器的安装	熔断器的安装正确	2		
	接触器的安装	接触器的安装正确	6		
	热继电器的安装	热继电器的安装正确	2		
	按钮的安装	按钮的安装正确	2		
	电气线路的连接	线路连接正确	10		
	工具的使用	工具使用规范	2		
	仪表的使用	仪表使用正确	2		
	通电检测	元件位置正确,接线正确	5		
	检查电气接线	检测方法得当,结果正确	5		
	检测无误后,规范布线	电线整齐,规范	10		
检测调试	调试系统功能	会正确检测调试	5		
	分析原因并排除故障	会查找故障并能排除	5		
合　计			100		

【知识拓展】

三速异步电动机控制线路

变极调速除双速异步电动机调速控制外,还有三速异步电动机控制线路。

1. 三速异步电动机定子绕组连接方式

变极调速通过改变电动机定子绕组连接方式来改变其磁极对数的,它是有级调速,只适用

171

于笼型异步电动机,除双速电动机外,还有三速电动机、四速电动机等。图5.24为三速异步电动机的定子绕组接线图。三速异步电动机有两套绕组,分两层嵌放在定子铁芯槽内,第一套绕组(双速)有7个引出端U1、V1、W1、U3、U2、V2、W2,接成开口三角形,工作时可接成三角形和双星形;第二套绕组(单速)有3个引出端U4、V4、W4,只作星形连接。当改变两套绕组的连接方式,电动机就可得到3种不同转速。

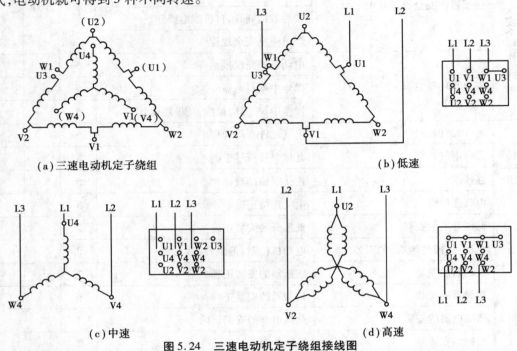

(a)三速电动机定子绕组   (b)低速

(c)中速   (d)高速

图5.24 三速电动机定子绕组接线图

2.三速异步电动机控制线路

如图5.25所示为接触器控制的三速异步电动机控制线路图,请分析其工作原理。

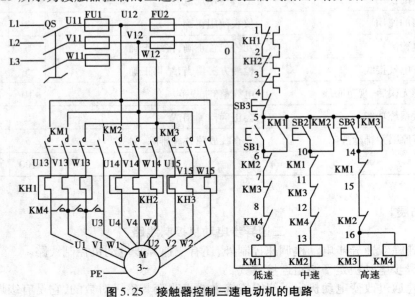

图5.25 接触器控制三速电动机的电路

172

3 种转速情况,主电路的接线要点:三角形低速时,U1、V1、W1 经 KM1 接电源,W1、U3 并接;星形中速时,U4、V4、W4 经 KM2 接电源,W1、U3 必须断开空着不接;双星形高速时,U2、V2、W2 经 KM3 接电源,U1、V1、W1、U3 经 KM4 并接。因此,3 个接触器必须进行联锁控制。3 个热继电器的整定电流在 3 种转速下是不同的,调整时不能混淆。

【任务小结】

①双速异步电动机绕组接线方式。

②接触器控制双速异步电动机调速控制线路结构、工作原理。

③时间继电器控制双速异步电动机的结构、工作原理及特点。

④三速异步电动机的结构和工作原理。

【思考与练习】

一、填空题

1. 三相异步电动机的调速方法有:_____、_____、_____ 3 种。笼型异步电动机的变极调速是通过_____来实现的。

2. 双速电动机的定子绕组有_____个出线,即_____,低速工作时,就把三相电源分别与 3 个线端_____相连接,另外 3 个出线端_____空着不接,此时电动机绕组接成三角形,磁极为_____极,同步转速为_____ r/min;高速工作时,把 3 个出线端_____短接在一起,三相电源分别与_____相连接,此时电动机定子绕组接成双星形,磁极为_____极,同步转速为_____ r/min。可见双速电动机高速运转时的转速是低速运转时转速的_____倍。

3. 三速异步电动机有_____套绕组,分两层嵌放在定子铁芯槽内,第一套绕组(双速)有 7 个引出端 U1、V1、W1、U3、U2、V2、W2,接成开口三角形,工作时可接成_____形和_____形;第二套绕组(单速)有 3 个引出端 U4、V4、W4,只作_____形连接。当改变两套绕组的连接方式,电动机就可得到_____种不同转速。

二、分析题

如图 5.23 所示的时间继电器控制双速电动机的控制线路的工作原理。

任务五　三相异步电动机能耗制动控制电路的安装

任何物体都有惯性,电动机也不例外。对于运动中的电动机在断开电源后,由于惯性作用不会马上停止转动,而需经过一定的时间才会完全停下来。这对于某些要求定位准确、需要限制行程的生产机械来说是不适合的。如起重机的吊钩需要准确定位、万能铣床要求立即停转等,都要求电动机分断电源后立即停转。为了满足生产机械的这种要求,在电动机分断电源后要立即停转。在电工技术中,这种方法称为制动。

所谓制动,就是给电动机一个与原旋转方向相反的转矩使它迅速停转。电动机的制动方法很多,应用最广的有机械制动和电力制动两大类。本任务认识和安装三相异步电动机的制动线路。

本任务根据电气原理图和接线图,在考虑经济、合理和安全的情况下,制订安装调试计划,正确选择工具、导线、低压电器和电动机(可用 3 只灯泡代替电动机)等,与他人合作安装三相异步电动机能耗制动控制线路。

【工作过程】

工作步骤		工作内容
收集信息	资信	获取以下信息和知识： 　三相异步电动机制动分类 　三相异步电动机机械制动、电力制动的定义 　异步电动机机械制动控制线路组成、工作原理和故障检测 　异步电动机能耗制动、反接制动的原理及控制线路的组成、工作原理及故障检测 　异步电动机再生回馈制动的工作原理及应用场合
决策计划	决策	确定导线规格、颜色及数量 确定电动机(或灯泡)、低压电器的类型和数量 确定电动机(或灯泡)、低压电器的安装方法 确定异步电动机能耗制动控制电路安装和调试的工具及工序
	计划	根据电气原理图编制安装调试计划 填写异步电动机能耗制动,控制线路安装调试所需电器、材料和工具清单
组织实施	实施	安装前对电动机(或灯泡)、低压电器等电气元件的外观、型号规格、数量、标志、技术文件资料进行检验 　根据图纸和设计要求,正确选定安装位置,进行电动机(或灯泡)、低压电器等电器安装 　根据接线图,在元件布局图上完成电动机单向控制电路连接 　进行异步电动机能耗制动控制电路检测、调试及试运行
检查评估	检查	电气元件安装位置及接线是否正确,接线端接头处理是否符合工艺标准
	评估	异步电动机能耗制动控制电路的安装、检测、调试各工序的实施情况 异步电动机能耗制动控制电路安装成果运行情况 团队精神 工作反思

一、收集信息

电力制动控制

1. 概述

使电动机在切断电源停转过程中,施加一个与原旋转方向相反的电磁力矩,迫使电动机迅速停转的方法称为电力制动。电力制动常用的方法有反接制动、能耗制动、电容制动和再生发电制动等几种,其中,应用最多的是前两种,这里只介绍能耗制动,其他制动方法见知识拓展。

2. 能耗制动

(1)能耗制动原理

如图 5.26 所示的电路中,切断电动机电源开关 QS1 后,迅速将开关 QS2 合上,在电动机

V、W 两相定子绕组通入直流电源,使定子绕组产生一个恒定的静止磁场,惯性运动的转子切割静止磁场而产生感应电流,从而产生电磁转矩,其方向与原电动机旋转方向相反,迫使电动机迅速停止。

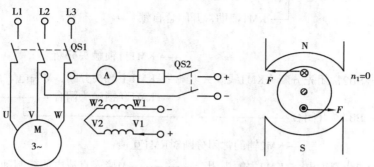

图 5.26　能耗制动原理图

采用能耗制动时制动准确、平稳,能量消耗小,但需要附加直流电源,设备费用高,制动能力较弱,在低速时制动力矩小。

【想一想】　什么叫能耗制动? 它与反接制动(见知识拓展)有什么不同?

能耗制动是在电动机切断交流电源后,立即在定子绕组的任意两相通入直流电,以消耗转子惯性运转的动能来进行制动,故称为能耗制动。

(2)能耗制动控制线路

如图 5.27 所示为单向启动能耗制动控制线路。该线路直流电源采用单相半波整流器,设备少、线路简单、成本低,用于 10 kW 以下的小容量电动机,且对制动要求不高的场合。

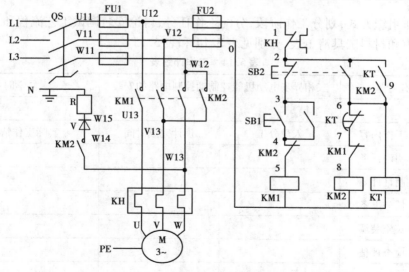

图 5.27　单向启动能耗制动控制电路

线路工作原理如下:先合上电源开关 QS

启动：

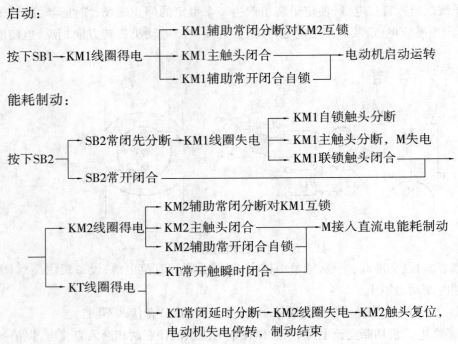

按下SB1——KM1线圈得电 → KM1辅助常闭分断对KM2互锁
→ KM1主触头闭合 —— 电动机启动运转
→ KM1辅助常开闭合自锁

能耗制动：

按下SB2 → SB2常闭先分断——KM1线圈失电 → KM1自锁触头分断
→ KM1主触头分断，M失电
→ KM1联锁触头闭合
→ SB2常开闭合

→ KM2线圈得电 → KM2辅助常闭分断对KM1互锁
→ KM2主触头闭合 —— M接入直流电能耗制动
→ KM2辅助常开闭合自锁
→ KT常开触瞬时闭合
→ KT线圈得电
→ KT常闭延时分断——KM2线圈失电——KM2触头复位，电动机失电停转，制动结束

【想一想】

①能耗制动所需直流电源有哪些？能耗制动的优缺点是什么？

②图5.27中KT瞬时闭合的常开触头起什么作用？

二、决策计划

确定工作组织方式，划分工作阶段，分配工作任务，讨论安装调试工艺流程和工作计划，填写工作计划表和材料工具清单表，分别见表5.14和表5.15。

表5.14　工作计划表

项目五/任务五		三相异步电动机能耗制动控制电路的安装		学时：
组长		组员		
序号	工作内容	人员分工	预计完成时间	实际工作情况记录
1	明确任务			
2	制订计划			
3	任务准备			
4	实施装调			
5	检查评估			
6	工作小结			

表 5.15　材料工具清单

工具					
仪表					
器材					
元件	名称	代号	型　号	规　格	数　量

三、组织实施

组织实施	
安装调试过程中必须遵守哪些规定/规则	国家相应规范和政策法规、企业内部规定
安装调试前的准备	在安装调试前,应准备好安装调试用的工具、材料和设备,并做好工作现场和技术资料的准备工作
在安装电动机(或灯泡)、低压电器等电器元件时都应注意哪些事项	
在安装三相异步电动机能耗制动控制电路时,导线规格的选择	
在安装和调试时,应特别注意的事项	
如何使用仪器仪表对电路进行检测	
在安装和调试过程中,采用何种措施减少材料的损耗	分析工作过程,查找相关网站

安装调试三相异步电动机能耗制动控制线路工艺流程如下:

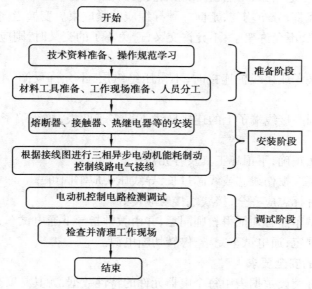

177

(一)安装调试准备

在安装调试前,应准备好安装调试用的工具、材料和设备,并做好工作现场和技术资料的准备工作。

1.工具

安装所需工具:钢丝钳、尖嘴钳、斜口钳、剥线钳、一字螺丝刀、十字螺丝刀(3.5 mm)、电工刀、起子(3.5 mm)等各1把,数字万用表1块、锯弓1把。

2.材料和器材

实训工作台和木板、导线 BV-0.75BVR 型多股铜芯软线、2.5 平方塑料铝芯线、行线槽、扎线带、木螺钉、电动机(或白炽灯泡)、三极刀开关、熔断器、交流接触器、热继电器、按钮、接线端子、二极管等。

3.工作现场

现场工作空间充足,方便进行安装调试,工具、材料等准备到位。

4.技术资料

三相异步电动机能耗制动控制的电气原理图、接线图;电动机(或灯泡组)、熔断器、低压开关、接触器、热继电器、按钮等的安装要求;工作计划表、材料工具清单表。

(二)安装工艺要求

根据如图 5.27 所示的三相异步电动机能耗制动控制电气原理图。

①备齐工具、材料,请按图选配电器元件和器材,并进行质量检查。

②安装元件。按布置图中电器元件的实际位置在控制板上安装电器元件,并贴上醒目的文字符号。

③布线。按接线图的走线方法,进行布线。

工艺要求:

a.布线通道尽可能少,主、控电路分类集中,布线顺序是以接触器为中心,由里向外,由低至高,先控制电路后主电路紧,单层密排,紧贴安装面板布线。

b.布线应横平竖直,分布均匀,走向一致导线应贴紧成束。变换走向时应垂直转向。

c.长线必须沉底,不允许架空;不允许交叉,避免不了的交叉时,则应在接线端引出线时采用水平架空跨越。

d.导线与接线端子或接线桩连接时,不得压绝缘层,不允许反圈、不允许裸露过长(一般不超过2 mm)。

e.电器元件的同一接线端子上的连接导线不得多于两根,接线端子板上连接导线只能连接一根。

④工具使用方法正确,不损坏工具及各元器件。

⑤导线剥削处不应损伤线芯或线芯过长,导线压头应牢固可靠。

⑥接线端子各种标志应齐全,接线端接触应良好。

⑦通电试车。试车前必须征得教师同意,并由教师指导下通电试车;试车时要认真执行安全操作规程的有关规定;通电试车完毕,停转切断电源。

(三)安装调试的安全要求

①安装前应仔细阅读数据表中每个电器元件的特性数据,尤其是安全规则。

②安装各部件时,应注意底板是否平整。若底板不平,元器件下方应加垫片,以防安装时损坏元器件。

③低压开关、熔断器的受电端应装在控制板外侧;各元件的安装位置应整齐、匀称,间距合理,便于元件更换;紧固各元件时,用力要均匀。

④操作时应注意工具的正确使用,不得损坏工具及元器件。

⑤通电试验时,操作方法应正确,确保人身及设备的安全。

(四)安装调试的步骤

①根据技术图纸,分析电气回路,明确线路连接关系。

②按给定的标准图纸选工具和元器件。

③安装元器件,连接电气回路。

安装步骤:

根据如图 5.27 所示的三相异步电动机能耗制动控制电气原理图绘制接线图,交指导教师检查确认正确后方可进行安装。

步骤 1:准备好木制配电板。

步骤 2:根据布局图安装确定各低压电器的位置,且固定安装各低压电器。

步骤 3:根据自己绘制的接线图安装电气线路。

步骤 4:根据电气原理图检查电路安装是否正确,经指导教师同意后方可通电试运行。

步骤 5:在教师指导下,利用万用表对电路进行检测和排故。

四、检查评估

该项目的检查主要包括组装、检测调试和安全操作 3 个方面。检查表格见表 5.16。

表 5.16　检查表

考核项目			配分	扣分	得分
安全操作	违反以下安全操作要求	发生触电事故、短路事故、损坏电器、损坏仪表等	5	100	
		未经教师同意,自行带电操作			
		严重违反安全规程			
	安全与环保意识	电动机外壳没接地	5		
		操作中敲打电器	5		
		操作中掉工具、掉线,垃圾随地乱丢	5		
接线图	电气元件布局	电气元件布局合理	5		
	元件电气符号	元件电气符号正确	5		
	连接线	连接线粗细规范	5		
	电气连接线	电气连接正确	5		

续表

考核项目		配分	扣分	得分
组装及工具使用	低压开关的安装	低压开关安装正确	2		
	电动机(或灯泡组)的安装	电动机(或灯泡组)接线正确	2		
	熔断器的安装	熔断器的安装正确	2		
	接触器的安装	接触器的安装正确	6		
	热继电器的安装	热继电器的安装正确	2		
	按钮的安装	按钮的安装正确	2		
	电气线路的连接	线路连接正确	10		
	工具的使用	工具使用规范	2		
	仪表的使用	仪表使用正确	2		
	通电检测	元件位置正确,接线正确	5		
	检查电气接线	检测方法得当,结果正确	5		
	检测无误后,规范布线	电线整齐,规范	10		
检测调试	调试系统功能	会正确检测调试	5		
	分析原因并排除故障	会查找故障并能排除	5		
合　计			100		

【知识拓展】

机械制动控制

(一)机械制动控制

1.机械制动原理

机械制动是利用机械装置使电动机断开电源后迅速停转的方法。常用的机械制动有电磁抱闸制动器制动和电磁离合器制动两种。两者制动原理相似,控制线路也基本相同。这里以电磁抱闸制动器制动为例介绍机械制动的原理和控制线路。

电磁抱闸制动器主要由电磁铁和闸瓦制动器组成。电磁铁由电磁线圈和铁芯、衔铁组成,闸瓦制动器由弹簧、闸轮、杠杆、闸瓦和轴等组成。其中闸轮与电动机转轴是刚性固定式连接的。

电磁抱闸制动器分通电制动型和断电制动型两种。

断电制动的原理是:当制动器线圈得电时,闸瓦与闸轮分开,无制动作用;当制动器失电时,制动闸瓦紧紧抱住闸轮制动。

通电制动的原理是:当制动线圈得电时,闸瓦紧紧抱住闸轮制动;当制动器线圈失电时,闸瓦与闸轮分开,无制动作用。

2.机械制动控制线路

如图 5.28 所示的电磁抱闸制动器断电制动控制电路。

线路工作原理如下,合上电源开关 QS

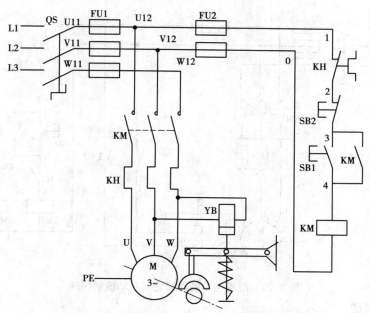

图 5.28 电磁抱闸制动器断电制动控制原理

启动运转：

按下SB1→KM线圈得电┬→KM辅助常开闭合自锁
　　　　　　　　　　└→KM主触头闭合→电动机启动运转

→制动线圈YB得电→闸瓦与闸轮分开

制动停车：

按下SB2→KM线圈失电→KM触头复位→电动机失电

→制动器线圈YB失电→闸瓦紧紧抱住闸轮→电动机迅速停转

【想一想】 电磁抱闸制动器断电制动控制有哪些优缺点。

电磁抱闸制动器断电制动在起重机械上被广泛采用。能够准确定位,同时可防电动机突然断电时重物下落。但电磁抱闸制动器线圈耗电时间与电动机一样长,不经济。另外,由于制动器线圈是切断电源后制动,使手动调整工件很难。对要求电动机制动后能调整工件位置的机床设备,可采用通电制动控制。

电磁抱闸制动器通电制动控制在各种机床上被采用,电动机运转时电磁抱闸制动器线圈无电,无制动作用,电动机失电停转时,制动器线圈得电,闸瓦紧紧抱住闸轮制动。电动机处于常态停转时,制动线圈也无电,对电动机无制动作用,便于手动调整工件。

如图 5.29 所示为电磁抱闸制动器通电制动控制线路。学生自行分析线路工作原理。

【想一想】 电磁抱闸制动器断电制动控制不是制动线圈断电后进行制动?为什么电动机处于常态停转时,电磁抱闸制动器线圈无电,对电动机无制动作用?

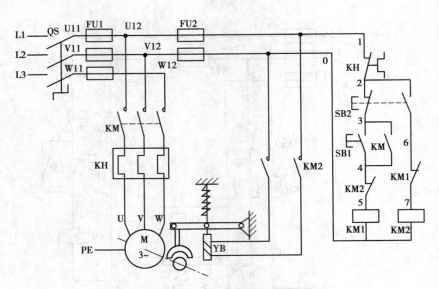

图5.29　电磁抱闸制动器通电制动控制线路

（二）电力制动

1. 反接制动

（1）反接制动原理

反接制动是利用改变电动机定子绕组中三相电源相序,使定子绕组中旋转磁场反向,产生与电动机原旋转方向相反的电磁转矩,使电动机迅速停转。

如图5.30所示为反接制动原理图。在图5.30中,当电动机需要停止时,拉下电源开关QS,让电动机脱离电源,随后,将 QS 迅速向下合闸,此时转子将以 $n_1 + n$ 的相对转速沿原转动方向切割旋转磁场,在转子中产生感应电流,从而产生电磁转矩,其方向与电动机旋转方向相反,迫使电动机迅速停转。当电动机转速接近零时,要求迅速切断电源,否则电动机会反转。

【想一想】　在图5.30所示电路中,反接制动使电动机停转后,若不及时关断电源开关QS,将会出现什么现象? 反接制动有何优缺点?

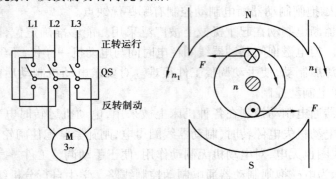

图5.30　反接制动原理

在如图5.30所示电路中,当电动机转速接近零时,应立即切断电源,否则电动机将会反转,为此,在反接制动设施中,为保证电动机被制动转速接近零时能自动切断电源,防止反转,常利用速度继电器来控制。

反接制动具有制动力强、制动迅速,但制动的准确性差,制动过程中对电动机冲击强烈,容易损坏传动零件,制动中能量消耗大,不宜经常采用。一般用于 10 kW 以下小容量电动机。

（2）反接制动控制线路

如图 5.31 所示为单向启动反接制动控制线路。

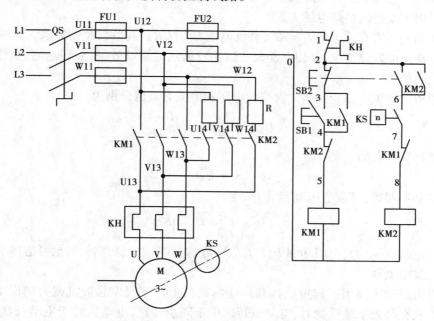

图 5.31　单向启动反接制动控制线路

线路工作原理,合上电源开关 QS

启动:

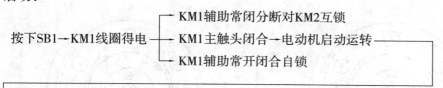

按下SB1→KM1线圈得电┬KM1辅助常闭分断对KM2互锁
　　　　　　　　　　　├KM1主触头闭合→电动机启动运转
　　　　　　　　　　　└KM1辅助常开闭合自锁

└至电动机转速上升到一定值（150 r/min）时→KS常开触头闭合为制动作准备

反接制动:

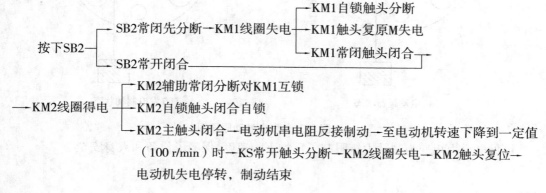

按下SB2┬SB2常闭先分断→KM1线圈失电┬KM1自锁触头分断
　　　　│　　　　　　　　　　　　　├KM1触头复原M失电
　　　　│　　　　　　　　　　　　　└KM1常闭触头闭合┐
　　　　└SB2常开闭合

→KM2线圈得电┬KM2辅助常闭分断对KM1互锁
　　　　　　　├KM2自锁触头闭合自锁
　　　　　　　└KM2主触头闭合→电动机串电阻反接制动→至电动机转速下降到一定值
　　　　　　　（100 r/min）时→KS常开触头分断→KM2线圈失电→KM2触头复位→
　　　　　　　电动机失电停转,制动结束

【想一想】 速度继电器的工作原理,与 KM2 主触头串联的 3 个电阻起什么作用?

2. 能耗制动(阅读材料)

能耗制动所需直流电源一般用以下方法估算,步骤(单相桥式整流电路为例):

①首先测量出电动机 3 根进线中任意两根间的电阻 R。

②测量出电动进线空载电流 I_0。

③能耗制动所需直流电流 $I_L = KI_0$,直流电压 $U_L = I_L R$。其系数 K 一般取 $3.5 \sim 4$。若考虑电动机定子绕组的发热情况,并使电动机达到比较满意的制动效果,对转速高、惯性大的传动装置可取上限值。

④单相桥式整流电源变压器二次绕组电压和电流有效值分别为

$$U_2 = \frac{U_L}{0.9}, I_2 = \frac{I_L}{0.9}$$

变压器计算容量为

$$S = U_2 I_2$$

如果制动不频繁,可取变压器容量为

$$S' = \left(\frac{1}{3} \sim \frac{1}{4} \right) S$$

⑤可调电阻 $R \approx 2\ \Omega$,电阻功率 $P_R = I_L^2 R$,实际选用时,电阻功率的值也可适当小一些。

3. 再生发电制动

再生发电制动主要用于起重机械和多速电动机上。下面以起重机械为例说明其制动原理。当起重机在高处下放重物时,电动机转速小于同步转速,电动机处于电动机状态,其转子电流和电磁转矩方向与电动机运行时相同,如图 5.32(a)所示。但由于重力作用,在重物下放过程中,会使电动机转速大于同步转速,这时电动机处于发电机运行状态,其转子电流和电磁转矩的方向与电动机运行时相反,如图 5.32(b)所示。

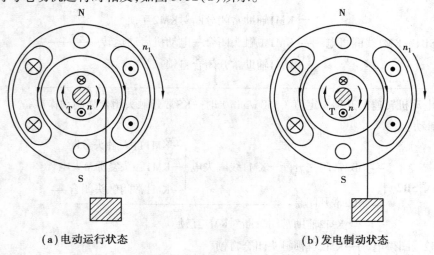

(a)电动运行状态　　　　　　　　　　　(b)发电制动状态

图 5.32　发电制动原理图

可见电磁力矩变为制动力矩限制了重物下降速度,保障了设备和人身安全。

【任务小结】

①三相异步电动机制动的概念、原理及分类。

②三相异步电动机机械制动分类、原理及控制线路结构与工作原理。

③三相异步电动机电气制动分类、原理及控制线路的结构与工作原理。

【思考与练习】

一、填空

1.利用_____方法称为机械制动,机械制动常用的方法有_____和_____。

2.电磁抱闸制动器制动分_____和_____两种。

3.在反接制动控制线路中,速度继电器的_____与被控电动机的_____装在同一轴线上,其常触头_____在电动机控制线路中。

二、判断

1.电磁抱闸制动器通电制动控制常用于起重机。　　　　　　　　　　　　　（　　）

2.反接制动控制线路的主电路与正反控制线路的主电路完全相同。　　　　（　　）

3.在能耗制动控制线路中,整流二极管要配装散热器。　　　　　　　　　　（　　）

三、设计

1.试设计双重联正反转控制线路的反接制动控制线路。

设计思路:

(1)在正反转控制线路的基础上,先在主电路上修改,如接触器 KM1、KM2 可用于控制电动机正反转,再用接触器 KM3 来控制制动电阻 R 的切除,即正常运行时 KM3 触头闭合将制动电阻 R 短接,停车制动时,KM3 触头分断,将制动电阻 R 串接在制动电路中。

(2)利用速度继电器的两对常开触头分别实现正反转的反接制动。可借助中间继电器配合接触器完成。

(3)考虑电路应有的短路、过载等保护。

2.对 10 kW 以上容量的电动机,一般采用有变压器单相桥式整流电源作制动直流电源,试设计其控制线路。

设计思路:

在如图 5.27 所示的单向启动能耗制动控制电路中,控制电路保持不变,如何将单相半波整流直流电源用变压器单相桥式整流直流电源代替接入主电路中。

任务六　三相异步电动机位置或行程控制电路的安装

在生产过程中,一些生产机械运动部件的行程或位置要受到限制,如摇臂钻床、万能铣床、镗床、桥式起重机及各种自动或半自动控制的机床设备中就经常遇到这种控制要求。

本任务根据电气原理图和接线图,在考虑经济、合理和安全的情况下,制订安装调试计划,正确选择工具、导线、低压电器和电动机(可用 3 只灯泡代替电动机)等,与他人合作安装三相异步电动机行程控制线路。

【工作过程】

工作步骤		工作内容
收集信息	资信	获取以下信息和知识： 位置控制和行程控制的含义 位置控制和自动往返行程控制线路的结构、工作原理 位置控制和自动往返行程控制线路在实际生产中的应用
决策计划	决策	确定导线规格、颜色及数量 确定电动机(或灯泡)、低压电器的类型和数量 确定电动机(或灯泡)、低压电器的安装方法 确定位置控制线路安装和调试的工具及工序
	计划	根据电气原理图编制安装调试计划 填写位置控制线路安装调试所需电器、材料和工具清单
组织实施	实施	安装前对电动机(或灯泡)、低压电器等电气元件的外观、型号规格、数量、标志、技术文件资料进行检验 根据图纸和设计要求，正确选定安装位置，进行电动机(或灯泡)、低压电器等电器安装 根据接线图，在元件布局图上完成电动机单向控制电路连接 进行位置控制电路检测、调试及试运行
检查评估	检查	电气元件安装位置及接线是否正确，接线端接头处理是否符合工艺标准
	评估	位置控制电路的安装、检测、调试各工序的实施情况 位置控制电路安装成果运行情况 团队精神 工作反思

一、收集信息

如图 5.33 所示是工厂车间常采用的位置控制电路图。图右下角是行车运动示意图，要行车运行路线的两端各安装了一个行程开关 SQ1 和 SQ2，它们的常闭触头分别串接在正转控制电路和反转控制电路中。当安装在行车前后的挡铁 1 和挡铁 2 撞击行程开关的滚轮时，行程开关的常闭触头分断，切断控制电路，使行车自动停止。

像这种利用生产机械的运动部件的挡铁，行程开关碰撞，使其触头动作来接通或断开电路，以实现对生产机械运动部件的位置或行程的自动控制方法称为位置控制，又称行程控制或限位控制。实现这种控制要求所依靠的主要电器是行程开关。

【想一想】

①图 5.33 的位置控制电路与正反转控制电路有何相似之处。

②请参照接触器联锁控制正反控制电路自行分析工作原理。

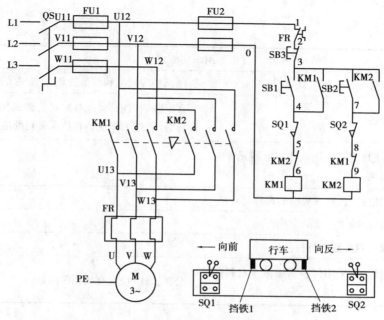

图5.33　位置控制电路图

二、决策计划

确定工作组织方式,划分工作阶段,分配工作任务,讨论安装调试工艺流程和工作计划,填写工作计划表和材料工具清单表,分别见表5.17和表5.18。

表5.17　工作计划表

项目五/任务六		三相异步电动机位置或行程控制电路的安装		学时:
组长		组员		
序号	工作内容	人员分工	预计完成时间	实际工作情况记录
1	明确任务			
2	制订计划			
3	任务准备			
4	实施装调			
5	检查评估			
6	工作小结			

表5.18　材料工具清单

工具					
仪表					
器材					
元件	名称	代号	型　号	规　格	数　量

三、组织实施

组织实施	
安装调试过程中必须遵守哪些规定/规则	国家相应规范和政策法规、企业内部规定
安装调试前的准备	在安装调试前,应准备好安装调试用的工具、材料和设备,并做好工作现场和技术资料的准备工作
在安装电动机(或灯泡)、低压电器等电器元件时都应注意哪些事项	
在安装位置控制电路时,导线规格的选择	
在安装和调试时,应特别注意的事项	
如何使用仪器仪表对电路进行检测	
在安装和调试过程中,采用何种措施减少材料的损耗	分析工作过程,查找相关网站

安装调试位置控制线路工艺流程如下:

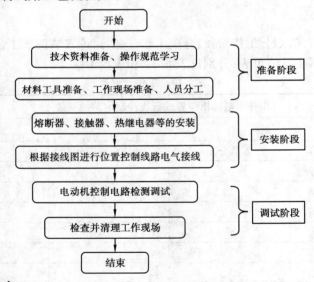

(一)安装调试准备

在安装调试前,应准备好安装调试用的工具、材料和设备,并做好工作现场和技术资料的准备工作。

1. 工具

安装所需工具:钢丝钳、尖嘴钳、斜口钳、剥线钳、一字螺丝刀、十字螺丝刀(3.5 mm)、电工刀、起子(3.5 mm)等各1把,数字万用表1块、锯弓1把。

2. 材料和器材

实训工作台和木板、导线 BV-0.75BVR 型多股铜芯软线、2.5 平方塑料铝芯线、行线槽、扎线带、木螺钉、电动机(或白炽灯泡)，三极刀开关、熔断器、交流接触器、热继电器、按钮、接线端子等。

3. 工作现场

现场工作空间充足,方便进行安装调试,工具、材料等准备到位。

4. 技术资料

电动机位置控制的电气原理图、接线图;电动机(或灯泡组)、熔断器、低压开关、接触器、热继电器、按钮等的安装要求;工作计划表、材料工具清单表;

(二)安装工艺要求

根据如图 5.33 所示的三相异步电动机位置控制电气原理图。

①备齐工具、材料,请按图选配电器元件和器材,并进行质量检查。

②安装元件。按布置图中电器元件的实际位置在控制板上安装电器元件,并贴上醒目的文字符号。

③布线。按接线图的走线方法,进行布线。

工艺要求:

a. 布线通道尽可能少,主、控电路分类集中,布线顺序是以接触器为中心,由里向外,由低至高,先控制电路后主电路紧,单层密排,紧贴安装面板布线。

b. 布线应横平竖直,分布均匀,走向一致导线应贴紧成束。变换走向时应垂直转向。

c. 长线必须沉底,不允许架空;不允许交叉,避免不了的交叉时,则应在接线端引出线时采用水平架空跨越。

d. 导线与接线端子或接线桩连接时,不得压绝缘层,不允许反圈、不允许裸露过长(一般不超过 2 mm)。

e. 电器元件的同一接线端子上的连接导线不得多于两根,接线端子板上连接导线只能连接一根。

④工具使用方法正确,不损坏工具及各元器件。

⑤导线剥削处不应损伤线芯或线芯过长,导线压头应牢固可靠。

⑥接线端子各种标志应齐全,接线端接触应良好。

⑦通电试车。试车前必须征得教师同意,并由教师指导下通电试车;试车时要认真执行安全操作规程的有关规定;通电试车完毕,停转切断电源。

(三)安装调试的安全要求

①安装前应仔细阅读数据表中每个电器元件的特性数据,尤其是安全规则。

②安装各部件时,应注意底板是否平整。若底板不平,元器件下方应加垫片,以防安装时损坏元器件。

③低压开关、熔断器的受电端应装在控制板外侧;各元件的安装位置应整齐、匀称,间距合理,便于元件更换;紧固各元件时,用力要均匀。

④操作时应注意工具的正确使用,不得损坏工具及元器件。

⑤通电试验时,操作方法应正确,确保人身及设备的安全。

(四)安装调试的步骤

①根据技术图纸,分析电气回路,明确线路连接关系。

②按给定的标准图纸选工具和元器件。

③安装元器件,连接电气回路。

安装步骤:

根据图 5.33 三相异步电动机位置控制电气原理图绘制接线图,交指导教师检查确认正确后方可进行安装。

步骤 1:根据布局图安装确定各低压电器的位置,且固定安装各低压电器。

步骤 2:根据自己绘制的接线图安装电气线路。

步骤 3:检查电路安装是否正确,经指导教师同意后方可通电试运行。

步骤 4:在教师指导下,利用万用表对电路进行检测和排故。

四、检查评估

该项目的检查主要包括组装、检测调试和安全操作 3 个方面。检查表格见表 5.19。

表 5.19　检查表

考核项目			配分	扣分	得分
安全操作	违反以下安全操作要求	发生触电事故、短路事故、损坏电器、损坏仪表等	5	100	
		未经教师同意,自行带电操作			
		严重违反安全规程			
	安全与环保意识	电动机外壳没接地	5		
		操作中敲打电器	5		
		操作中掉工具、掉线,垃圾随地乱丢	5		
接线图	电气元件布局	电气元件布局合理	5		
	元件电气符号	元件电气符号正确	5		
	连接线的绘制	连接线粗细规范	5		
	电气线路连接	电气线路连接正确	5		
组装及工具使用	低压开关的安装	低压开关安装正确	2		
	电动机(或灯泡组)的安装	电动机(或灯泡组)接线正确	2		
	熔断器的安装	熔断器的安装正确	2		
	接触器的安装	接触器的安装正确	3		
	热继电器的安装	热继电器的安装正确	2		
	按钮的安装	按钮的安装正确	2		
	电气线路的连接	线路连接正确	10		
	工具的使用	工具使用规范	2		
	仪表的使用	仪表使用正确	2		

续表

	考核项目		配分	扣分	得分
组装及工具使用	通电检测	元件位置正确,接线正确	5		
	检查电气接线	检测方法得当,结果正确	5		
	检测无误后,规范布线	电线整齐,规范	10		
检测调试	调试系统功能	会正确检测调试	5		
	分析原因并排除故障	会查找故障并能排除	5		
合　计			100		

【知识拓展】

自动往返控制线路

在生产实际中,有些生产机械的工作台要求在一定行程范围内自动往返运动,以实现对工件的连续加工,提高生产效率。

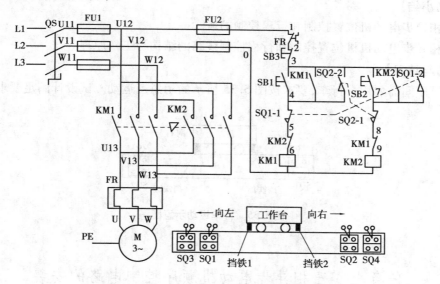

图 5.34　工作台自动往返行程控制线路

如图 5.34 所示为工作台自动往返行程控制线路。图的右下角是工作台自动往返运动的示意图,为了使用电动机正反转控制与工作台运动配合,在控制线路中设置了 4 个行程开关 SQ1、SQ2、SQ3 和 SQ4,并把它们安装在工作台需限位的地方。其中 SQ1 和 SQ2 用于自动切换电动机正反转控制线路,实现工作台的自动往返;SQ3 和 SQ4 用作终端保护,以防 SQ1 和 SQ2 失灵,工作台越过规定位置而造成事故。

线路工作原理如下,合上电源开关

自动往返运动:

191

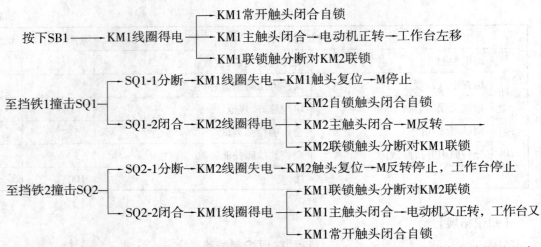

左移（SQ2触头复位）——……右移，以后重复上述过程，工作台就在规定范围内自动往返运动。

停止：按下 SB3，整个控制电路失电，电动机停止运行。

【任务小结】

①三相异步电动机位置控制和行程控制的概念。

②三相异步电动机机位置控制和行程控制线路的结构与工作原理。

【思考与练习】

某工厂车间需要用一行车，要求按图 5.35 所示的示意图运动。试设计满足要求的控制电路图。

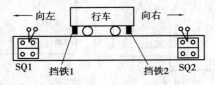

图 5.35　行车运动示意图

任务七　三相异步电动机顺序控制电路的安装

在生产过程中，一些生产机械由多台电动机拖动，各电动机的作用不同，有时需要按一定顺序启动和停止，才能保证操作过程的合理和工作的安全可靠。如 X62W 万能铣床上，要求主轴电动机启动后，进给电动机才能启动；M7120 型平面磨床则要求砂轮电动机启动后，冷却泵电动机才能启动。

本任务根据电气原理图和接线图，在考虑经济、合理和安全的情况下，制订安装调试计划，正确选择工具、导线、低压电器和电动机（可用 3 只灯泡代替电动机）等，与他人合作安装两台三相异步电动机顺序控制线路。

【工作过程】

工作步骤		工作内容
收集信息	资信	获取以下信息和知识： 顺序控制和多地控制的含义 主电路实现顺序控制和控制电路实现顺序控制线路的结构、工作原理 多地控制线路的结构、工作原理 多地控制和顺序控制线路的在实际生产中的应用
决策计划	决策	确定导线规格、颜色及数量 确定电动机（或灯泡）、低压电器的类型和数量 确定电动机（或灯泡）、低压电器的安装方法 确定顺序/多地控制线路安装和调试的工具及工序
	计划	根据电气原理图编制安装调试计划 填写顺序/多地控制线路安装调试所需电器、材料和工具清单
组织实施	实施	安装前对电动机（或灯泡）、低压电器等电气元件的外观、型号规格、数量、标志、技术文件资料进行检验 根据图纸和设计要求，正确选定安装位置，进行电动机（或灯泡）、低压电器等电器安装 根据接线图，在元件布局图上完成电动机单向控制电路连接 进行顺序/多地控制电路检测、调试及试运行
检查评估	检查	电气元件安装位置及接线是否正确，接线头处理是否符合工艺标准
	评估	顺序/多地控制电路的安装、检测、调试各工序的实施情况 顺序/多地控制电路安装成果运行情况 团队精神 工作反思

一、收集信息

（一）顺序控制线路

顺序控制就是要求多台电动机按一定的先后顺序启动或停止的控制方式。顺序控制方式分主电路实现顺序控制和控制电路实现的顺序控制。

1. 主电路实现顺序控制

如图 5.36 所示为主电路实现顺序控制的电路图。

该线路的特点是电动机 M2 的主电路接在 KM1 主触头的下面。若接触器 KM1 线圈没得电吸合，即电动机 M1 没有启动，不管接触器 KM2 线圈是否得电动作，电动机 M2 是不会启动的。只有接触器 KM1 线圈得电吸合，电动机 M1 已启动，接触器 KM2 线圈得电动作，电动机 M2 才能启动。

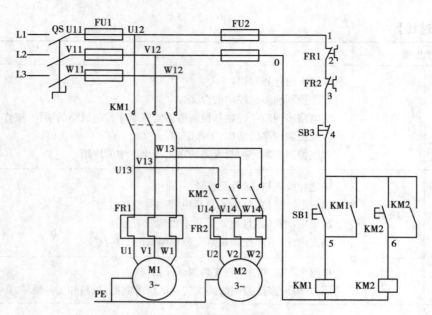

图 5.36　主电路实现顺序控制的电路图

2. 控制电路实现顺序控制

图 5.37、图 5.38、图 5.39 所示均为控制电路实现顺序控制的线路图。

图 5.37 控制电路实现顺序控制的线路图(1)的特点是 M2 的启动按钮接在 KM1 自锁触头的后面,这就保证了要电动机 M1 启动后电动机 M2 才能启动的顺序控制要求。

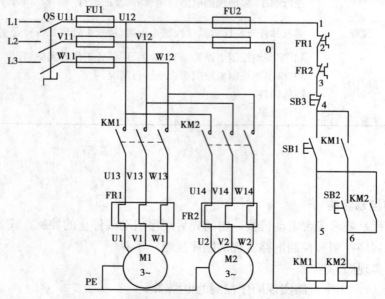

图 5.37　控制电路实现顺序控制的线路图(1)

图 5.38 控制电路实现顺序控制的线路图(2)的特点是利用 KM1 另一对常触头实现顺序控制。

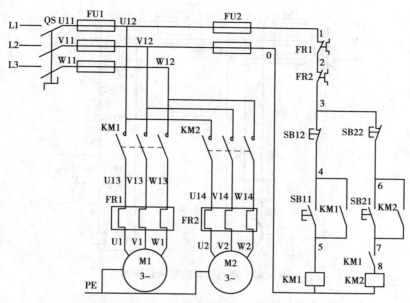

图 5.38　控制电路实现顺序控制的线路图(2)

图 5.39 控制电路实现顺序控制的线路图(3)的特点是 M1、M2 按顺序启动同时按顺序停止。电动机 M1 启动后,电动机 M2 才能启动;停止时,必须是电动机 M2 停止后,电动机 M1 才能停止工作。

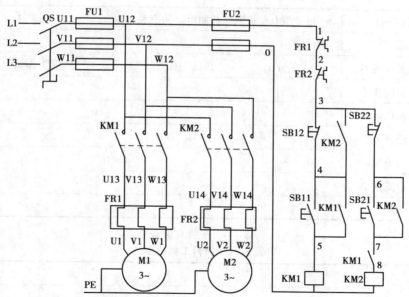

图 5.39　控制电路实现顺序控制的线路图

(二)多地控制线路

能在两地或多地控制同一台电动机的控制方式称为多地控制。如图 5.40 所示为两地控制的控制线路。

多地控制的特点是启动按钮串联,停止按钮并联。

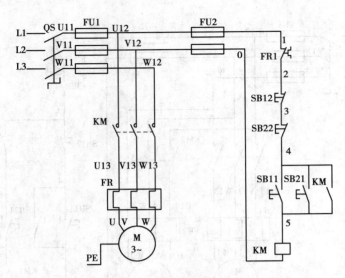

图 5.40　两地控制的控制线路图

二、决策计划

确定工作组织方式,划分工作阶段,分配工作任务,讨论安装调试工艺流程和工作计划,填写工作计划表和材料工具清单表,分别见表 5.20 和表 5.21。

表 5.20　工作计划表

项目五/任务七		三相异步电动机顺序控制电路的安装		学时:
组长		组员		
序号	工作内容	人员分工	预计完成时间	实际工作情况记录
1	明确任务			
2	制订计划			
3	任务准备			
4	实施装调			
5	检查评估			
6	工作小结			

表 5.21　材料工具清单

工具					
仪表					
器材					
元件	名称	代号	型　号	规　格	数　量

安装调试顺序控制线路工艺流程如下：

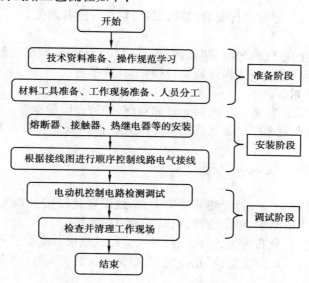

三、组织实施

组织实施	
安装调试过程中必须遵守哪些规定/规则	国家相应规范和政策法规、企业内部规定
安装调试前的准备	在安装调试前,应准备好安装调试用的工具、材料和设备,并做好工作现场和技术资料的准备工作
在安装电动机(或灯泡)、低压电器等电器元件时都应注意哪些事项	
在安装顺序控制电路时,导线规格的选择	
在安装和调试时,应特别注意的事项	
如何使用仪器仪表对电路进行检测	
在安装和调试过程中,采用何种措施减少材料的损耗	分析工作过程,查找相关网站

（一）安装调试准备

在安装调试前,应准备好安装调试用的工具、材料和设备,并做好工作现场和技术资料的准备工作。

1. 工具

安装所需工具:钢丝钳、尖嘴钳、斜口钳、剥线钳、一字螺丝刀、十字螺丝刀(3.5 mm)、电工刀、起子(3.5 mm)等各 1 把,数字万用表 1 块、锯弓 1 把。

2. 材料和器材

实训工作台和木板、导线 BV-0.75BVR 型多股铜芯软线、2.5 平方塑料铝芯线、行线槽、扎线带、木螺钉、电动机(或白炽灯泡)、三极刀开关、熔断器、交流接触器、热继电器、按钮、接线端子等。

3. 工作现场

现场工作空间充足，方便进行安装调试，工具、材料等准备到位。

4. 技术资料

电动机顺序控制的电气原理图、接线图；电动机（或灯泡组）、熔断器、低压开关、接触器、热继电器、按钮等的安装要求；工作计划表、材料工具清单表。

（二）安装工艺要求

①备齐工具、材料，请按图选配电器元件和器材，并进行质量检查。

②安装元件。按布置图中电器元件的实际位置在控制板上安装电器元件，并贴上醒目的文字符号。

③布线。按接线图的走线方法，进行布线。

工艺要求：

a. 布线通道尽可能少，主、控电路分类集中，布线顺序是以接触器为中心，由里向外，由低至高，先控制电路后主电路紧，单层密排，紧贴安装面板布线。

b. 布线应横平竖直，分布均匀，走向一致导线应贴紧成束。变换走向时应垂直转向。

c. 长线必须沉底，不允许架空；不允许交叉，避免不了的交叉时，则应在接线端引出线时采用水平架空跨越。

d. 导线与接线端子或接线桩连接时，不得压绝缘层，不允许反圈、不允许裸露过长（一般不超过 2 mm）。

e. 电器元件的同一接线端子上的连接导线不得多于两根，接线端子板上连接导线只能连接一根。

④工具使用方法正确，不损坏工具及各元器件。

⑤导线剥削处不应损伤线芯或线芯过长，导线压头应牢固可靠。

⑥接线端子各种标志应齐全，接线端接触应良好。

⑦通电试车。试车前必须征得教师同意，并由教师指导下通电试车；试车时要认真执行安全操作规程的有关规定；通电试车完毕，停转切断电源。

（三）安装调试的安全要求

①安装前应仔细阅读数据表中每个电器元件的特性数据，尤其是安全规则。

②安装各部件时，应注意底板是否平整。若底板不平，元器件下方应加垫片，以防安装时损坏元器件。

③低压开关、熔断器的受电端应装在控制板外侧；各元件的安装位置应整齐、匀称，间距合理，便于元件更换；紧固各元件时，用力要均匀。

④操作时应注意工具的正确使用，不得损坏工具及元器件。

⑤通电试验时，操作方法应正确，确保人身及设备的安全。

（四）安装调试的步骤

①根据技术图纸，分析电气回路，明确线路连接关系。

②按给定的标准图纸选工具和元器件。

③安装元器件，连接电气回路。

安装步骤：

根据如图 5.39 所示的控制电路实现顺序控制的线路图（3）绘制接线图，交指导教师检查确认正确后方可进行安装。

步骤1：准备好木制配电板。

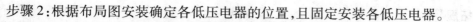

步骤2：根据布局图安装确定各低压电器的位置，且固定安装各低压电器。

步骤3：根据自己绘制的接线图安装电气线路。

步骤4：根据电气原理图检查电路安装是否正确，经指导教师同意后方可通电试运行能。

步骤5：在教师指导下，利用万用表对电路进行检测和排故。

四、检查评估

该项目的检查主要包括组装、检测调试和安全操作3个方面。检查表格见表5.22。

表5.22　检查表

	考核项目		配分	扣分	得分
安全操作	违反以下安全操作要求	发生触电事故、短路事故、损坏电器、损坏仪表等	5	100	
		未经教师同意，自行带电操作			
		严重违反安全规程			
	安全与环保意识	电动机外壳没接地	5		
		操作中敲打电器	5		
		操作中掉工具、掉线，垃圾随地乱丢	5		
接线图	电气元件布局	电气元件布局合理整齐、美观	5		
	元件电气符号	元件电气符号正确规范	5		
	连接线	连接线粗细规范	5		
	电气连接线	电气线路连接正确	5		
组装及工具使用	低压开关的安装	低压开关安装正确	2		
	电动机（或灯泡组）的安装	电动机（或灯泡组）接线正确	2		
	熔断器的安装	熔断器的安装正确	2		
	接触器的安装	接触器的安装正确	6		
	热继电器的安装	热继电器的安装正确	2		
	按钮的安装	按钮的安装正确	2		
	电气线路的连接	线路连接正确	10		
	工具的使用	工具使用规范	2		
	仪表的使用	仪表使用正确	2		
	通电检测	元件位置正确，接线正确	5		
	检查电气接线	检测方法得当，结果正确	5		
	检测无误后，规范布线	电线整齐，规范	10		
检测调试	调试系统功能	会正确检测调试	5		
	分析原因并排除故障	会查找故障并能排除	5		
合　计			100		

【知识拓展】

电动机自动控制

多台电动机按一定时间先后顺序可在多地实现自动控制。如图 5.41 所示是 3 条传送带运输机的示意图,如图 5.42 所示为 3 条传送带运输机按一定时间顺序进行启动或停止控制电路。对于这 3 条带运输机的电气要求如下:

①启动顺序为 1 号、2 号、3 号,即顺序启动,以防止货物在带上堆积。

②停止顺序为 3 号、2 号、1 号,即逆顺停止,保证停止后带上不残存货物,即 3 号停止 5 s 后,2 号停止,2 号停止 5 s 后,1 号停止。

③当 1 号或 2 号出现故障停止时,3 号能随即停止,以免继续进料。

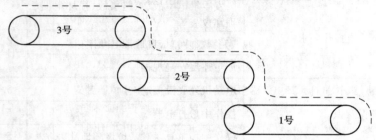

图 5.41　3 条传送带运输机示意图

④各运输机均应设置短路保护、过载保护。

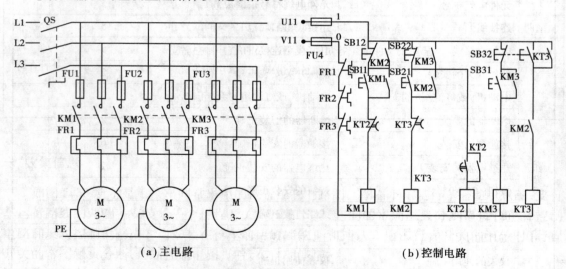

| （a）主电路 | （b）控制电路 |

图 5.42　传送带运输机的启停控制电路

【任务小结】

①三相异步电动机顺序控制线路的结构与工作原理。

②三相异步电动机多地控制线路的结构与工作原理。

【思考与练习】

如图 5.43 所示是两条传送带运输机的示意图。请按下述要求设计两种传送机的控制电路图。

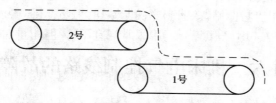

图 5.43 两条传送带运输机示意图

（1）1 号启动后，2 号才能启动。

（2）1 号必须在 2 号停止后才能停止。

（3）具有短路、过载、欠压及失压保护。

项目六　机床电气控制线路的故障排除

【项目描述】

机床电气控制线路运行中受到各种因素的影响,导致故障,造成生产无法正常生产。机床电气设备常见的故障按产生原因,可分为自然故障和人为故障两大类。通过学习 CA6140 机床、X62W 万能铣床和 Z3050 摇臂钻床电气控制电路,对机床电气控制原理的认识对机床电气控制故障进行排查处理。本任务主要介绍机床电路的常见故障产生的原因和排除方法。

【项目要求】

知识:

➤ 能正确阅读机床电气控制电路原理图;

➤ 能说明电动机基本控制线路工作原理;

➤ 能判断机床电气故障范围。

技能:

➤ 能正确使用仪器仪表检测电气故障;

➤ 能排除机床控制电路故障。

情感态度:

➤ 具有较强的节能、安全、环保和质量意识;

➤ 对待工作严谨认真。

任务一　CA6140 车床电气控制电路维修

CA6140 普通车床是加工多种类型工件的卧式车床,常用于加工工件的内外回转表面、端面和各种内外螺纹,采用相应的刀具和附件,可进行钻孔、扩孔、攻丝和滚花等。具有加工规格大、精度高、刚性强、噪声低、操作轻便、灵活等特点;床身导轨经中频淬火精磨,精度保持性高、适合硬质合金进行高速及强力切削。获取高的生产效率需要良好的性能。

【工作过程】

工作步骤		工作内容
收集信息	资信	获取以下信息: 　CA6140 电气控制电路图 　检测 CA6140 电气控制器件质量方法 　检修 CA6140 电气控制线路步骤

续表

工作步骤		工作内容
决策计划	决策	CA6140 机床电气控制电路故障检修
	计划	准备 CA6140 机床电气控制电路图 检测 CA6140 机床电气控制电路
组织实施	实施	认识机床电气控制器件型号参数 识读机床电气控制电路图 检测机床电气控制电路相关参数
检查评估	检查	检查 C6140 机床电路维修情况 检查更换后器件参数
	评估	工作严谨认真态度,团队精神 工作反思 维修机床技能水平

一、收集信息

(一)认识 C6140 车床

CA6140 型普通车床的主要组成部件包括:主轴箱、进给箱、溜板箱、刀架、尾架、光杠、丝杠和床身备,如图 6.1 所示。

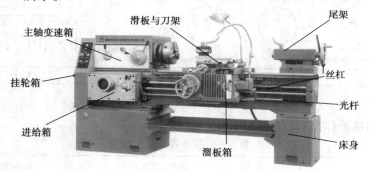

图 6.1 CA6140 车床

主轴箱(又称床头箱)。主要任务是主电机旋转运动经过一系列的变速机构使主轴得到正反两种转向的不同转速,同时主轴箱分出部分动力传给进给箱。

主轴箱中主轴是车床的关键零件。主轴在轴承上运转的平稳性直接影响工件的加工质量,主轴的旋转精度降低,则机床的使用价值就会降低。

进给箱(又称走刀箱)。进给箱中装有进给运动的变速机构,调整其变速机构,可得到所需的进给量或螺距,光杆或丝杠将运动传至刀架以进行切削。

丝杠与光杆:用以连接进给箱与溜板箱,并把进给箱的运动和动力传给溜板箱,活顶尖板箱获得纵向直线运动。丝杠是专门用来车削各种螺纹而设置的,在进给工件的其他表面车削时,只用光杆,不用丝杠。

溜板箱:车床进给运动的操纵箱,光杆和丝杠的旋转运动是刀架直线运动的机构,光杆传动实现刀架的纵向进给运动、横向进给运动和快速移动,丝杠带动刀架作纵向直线运动,车削螺纹。

刀架:刀架部件由几层刀架组成,装夹刀具,使刀具作纵向、横向或斜向进给运动。

尾座:安装作定位支撑用的后顶尖、也可安装钻头、铰刀等加工刀具进行孔加工。

床身:在床身上安装车床各个主要部件,使它们在工作时保持准确的相对位置。

(二)控制电路原理图

CA6140 车床控制电路原理图如图 6.2 所示。

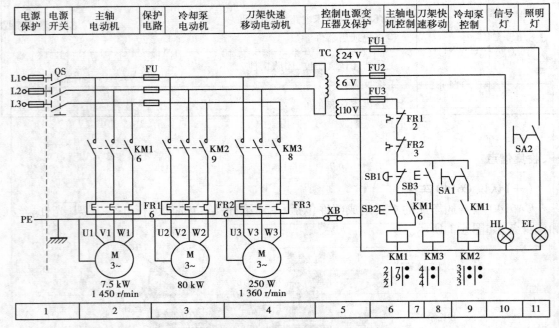

图 6.2 CA6140 车床控制电路原理图

(三)器件名称及作用(见表 6.1)

表 6.1 器件名称及作用

电气元件符号	名称及用途	电气元件符号	名称及用途
M1	主轴电动机	KM	交流接触器
M2	冷却泵电动机	KA1	中间继电器
M3	快速移动电动机	KA2	中间继电器
FR1	M1 的过载保护	SB1	停止按钮
FR2	M2 的过载保护	SB2	启动按钮
FU	熔断器	SB3	按钮
FU1	M2、M3 电机短路保护	SA1、SA2	开关

续表

电气元件符号	名称及用途	电气元件符号	名称及用途
FU2	控制电路短路保护	QS	断路器
FU3	信号灯短路保护	TC	变压器
FU4	照明灯短路保护	HL	工作灯

（四）CA6140常见电气故障检修分析

1. 主轴电动机 M1 不能启动

①熔断器 FU3 是否熔断。

②接触器 KM1 常闭触头是否吸合。

③按启动按钮 SB2，接触器 KM1 若未动作，如按钮 SB1、SB2 的触头接触不良，接触器线圈断线，就会导致 KM1 不能通电动作。

④按 SB2 后，若接触器吸合，但主轴电动机不能启动，故障在主线路，可依次检查接触器 KM1 主触点及三相电动机的接线端子等是否接触良好。

2. 主轴电动机 M1 不能停转

①接触器 KM1 的铁芯面上的油污使铁芯不能释放或 KM1 的主触点发生熔焊。

②停止按钮 SB1 的常闭触点短路，应切断电源，清洁铁芯极面的污垢或更换触点，即可排除故障。

3. 主轴电动机的运转不能自锁

当按下按钮 SB2 时，电动机能运转，松开按钮后电动机即停转，接触器 KM1 的辅助常开触头接触不良或位置偏移、卡阻现象引起的故障。

接触器 KM1 的辅助常开触点进行修整或更换即可排除故障。辅助常开触点的连接导线松脱或断裂也会使电动机不能自锁。

4. 刀架快速移动电动机不能运转

按点动按钮 SB3，接触器 KM3 未吸合，故障在控制线路中，检查点动按钮 SB3，接触器 KM3 的线圈是否断路。

（五）故障检修方法

1. 观察法

机床断电后处于静止状态，观察、检查，确认通电后不会造成故障扩大、方可给机床通电。在运行状态下，进行动态观察、检验和测试，查找故障。

2. 检测法

机床出现故障后，分析判断，断电后用仪表测量其质量参数，用万用表测量接触器线圈直流电阻值，正常情况下在几百欧左右，若出现无穷大，说明线圈已经开路；若电阻值很小，则说明线圈内部有局部短路，更换相同参数的线圈。

【想一想】　控制变压器初级开路，会出现什么现象？

二、决策计划

确定工作组织方式，划分工作阶段，分配工作任务，讨论安装调试工艺流程和工作计划，填写工作计划表和材料工具清单表,分别见表 6.2 和表 6.3。

表 6.2　工作计划表

项目六/任务一		CA6140 车床电气控制电路维护			学时:
组长		组员			
序号	工作内容	人员分工	预计完成时间	实际工作情况记录	
1	明确任务				
2	制订计划				
3	任务准备				
4	实施装调				
5	检查评估				
6	工作小结				

表 6.3　材料工具清单

工具					
仪表					
器材					
元件	名称	代号	型号	规格	数量

CA6140 车床检修流程如下:

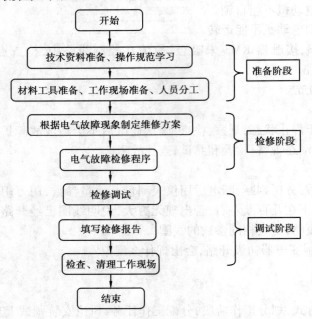

三、组织实施

组织实施	
维修过程中遵守操作相关规定	国家相应规范和政策法规、企业内部规定、安全生产规定
维修调试前准备	在维修调试前,应准备好安装调试用的工具、材料和设备,并做好工作现场和技术资料的准备工作
电路分析	能看懂电路结构
万用表检测主电路电器质量	学会检测断路器、交流接器、热继电器质量好坏
万用表检测控制电路电器质量	正确检测启动、停止按钮、各器件常开、常闭触点和线圈质量
在维修和调试时,应该特别注意的事项	器件电阻性测量时,断电操作,注意不得损坏仪器仪表

(一)检修准备

1. 工具

工具:螺丝刀、尖嘴钳等;万用表、钳形电流表和兆欧表;熔断器、接触器、线材等。

2. 仪器设备

CA6140 车床。

3. 工作现场

工作场地空间充足,方便进行检修调试,工具、材料等准备到位。

4. 技术资料

CA6140 电气控制电路图。

(二)检修要求

1. 安全操作

①加强电气安全管理工作,防止发生触电事故,确保职工在生产过程中的安全。

②在厂长、总工程师的领导下,指定有关业务部门主管电气安全工作、保证电气安全。

③从事电气工作必须严格遵守安全操作规程。

2. 检修作业指导书

_____机床维修作业指导书					
机床型号		机床位号		机床安装时间	
机床保养时间		机床保全工			
机床维修时间		维修工姓名			
机床故障现象					
维修处理方法					
维修处理过程参数（维修草图分析）					
维修建议					
操作工验收			车间领导		

四、检查评估(见表6.4)

表6.4 检查表

考核项目			配分	扣分	得分
安全操作	违反以下安全操作要求	发生触电事故	100	100	
		短路事故			
		损坏电器			
		损坏仪表等			
		未经教师同意,自行带电操作			
		严重违反安全规程			
	安全与环保意识	电动机外壳没接地	5		
		操作中敲打电器			
		操作中掉工具、掉线、垃圾随地乱丢			
维修过程及检修方法	低压开关侧电压检测	检测方法正确	5		
	熔断器的侧电压检测	检测方法正确	5		
	接触器侧电压检测	检测方法正确	5		
	热继电器侧电压检测	检测方法安装正确	5		
	按钮内部检测	正确	5		
	电气线路的连接	线路连接正确	5		
	工具的使用	工具使用规范	10		
	仪表的使用	仪表使用正确	5		
	故障部位判断	正确	20		
	更换器件参数型号	正确	20		
调试检测	调试系统功能	会正确检测调试	5		
	分析排除故障	会查找故障并能排除	5		
合 计			100		

【知识拓展】

CA6140 车床控制电路分析

一、主电路分析

主电路中共有3台电动机,图6-2M1为主轴电动机,用以实现主轴旋转和进给运动;M2为冷却泵电动机;M3为溜板快速移动电动机。M1、M2、M3均为三相异步电动机,容量均小于10 kW,全部采用全压直接启动皆有交流接触器控制单向旋转。M1电动机由启动按钮SB1,停止按钮 SB2 和接触器 KM1 构成电动机单向连续运转控制电路。主轴的正反转由摩擦离合器改变传动来实现。M2 电动机是在主轴电动机启动之后,扳动冷却泵控制开关 SA1 来控制接触器 KM2 的通断,实现冷却泵电动机的启动与停止。由于 SA1 开关具有定位功能,不需自锁。M3 电动机由装在溜板箱上的快慢进给手柄内的快速移动按钮 SB3 来控制 KM3 接触器,从而实现 M3 的点动。操作时,先将快速进给手柄扳到所需移动方向,再按下 SB3 按钮,即实现该方向的快速移动。三相电源通过转换开关 QS1 引入,FU1 和 FU2 作短路保护。主轴电动机 M1 由接触器 KM1 控制启动,热继电器 FR1 为主轴电动机 M1 的过载保护。冷却泵电动机 M2 由接触器 KM2 控制启动,热继电器 FR2 为它的过载保护。溜板快速移动电机 M3 由接触器 KM3 控制启动。

二、控制电路分析

控制回路电源由变压器 TC 次级绕组输出 110 V 电压,FU3 作短路保护。

(一)主轴电动机的控制

按下启动按钮 SB2,接触器 KM1 的线圈得电动作,其主触头闭合,主轴电动机 M1 启动运行。同时 KM1 的自触头和另一副常开触头闭合。按下停止按钮 SB1,主轴电动机 M1 停车。

(二)冷却泵电动机控制

车削加工过程中,工艺需要使用冷却液时,合上开关 SA1,在主轴电动机 M1 运转情况下,接触器 KM2 线圈得电吸合,其主触头闭合,冷却泵电动机得电运行。只有当主轴电动机 M1 启动后,冷却泵电动机 M2 才有可能启动,当 M1 停止运行时,M2 也就自动停止。

(三)溜板移动控制

溜板移动电动机 M3 的启动是由安装在进给操纵手柄顶端的按钮 SB3 来控制,它与中间继电器 KM3 组成点动控制环节。将操纵手柄扳到所需要的方向,压下按钮 SB3,继电器 KM3 得电吸合,M3 启动,溜板沿指定方向快速移动。

三、照明、信号灯电路分析

控制变压器 TC 的次级绕组分别输出 24 V 和 6 V 电压,作为机床低压照明灯和信号灯的电源。EL 为机床的低压照明灯,由开关 SA 控制;HL 为电源的信号灯,采用 FU4 作短路保护。

【任务小结】

①CA6140 车床控制电路图分析。

②电阻法检测器件质量。

【思考与练习】

一、填空题

1. 主轴电动机控制电路中,KM1 线圈额定工作电压_____ V,FU3 的作用是_____保护。

2. 电动机 M2 在_____启动后再启动,主要作用是_____。

3. 控制变压器 TC 输出_____、_____、_____ 3 个等级电压。

4. 主轴电机控制电路中,FR2、FR3 两常闭触头串联是_____关系(与、或、非)。

5. 溜板移动由_____电机拖动,采用_____控制(点动、互锁)。

二、简答题

1.简述 CA6140 主轴电机工作过程。

2.简述冷却泵电机工作过程。

任务二 X62W 型万能铣床电气故障维修

铣床按照结构形式和加工性能的不同,可分为立式铣床、卧式铣床、龙门铣床、仿真铣床和专用铣床等。X62W 型万能铣床是通用的多用途机床,可用圆柱铣刀、圆片铣刀、角度铣刀、成型铣刀及端面铣刀等刀具对各种零件进行平面、斜面、螺旋面及成型表面的加工,还可加装万能铣头分度头和圆工作台等机床附件来扩大加工范围。

【工作过程】

工作步骤		工作内容
收集信息	资信	获取以下信息: X62W 电气控制电路图 检测电气控制器件质量方法 电气控制线路检测步骤
决策计划	决策	X62W 型万能铣床电气控制电路故障检修
	计划	备 X62W 型万能铣床电气控制电路图 检测 X62W 型万能铣床电气控制电路
组织实施	实施	整理机床电气控制器件型号参数 识读机床电气控制电路图 检测机床电气控制电路
检查评估	检查	检查检修电路 检查更换后器件参数
	评估	工作严谨认真

一、收集信息

(一)认识 X62W 型机床

X62W 型万能铣床的外形结构,它主要由床身、主轴、刀杆、悬梁、工作台、回转盘、横溜板、升降台、底座等几部分组成。在床身的前面有垂直导轨,升降台可沿着它上下移动。在升降台上面的水平导轨上,装有可在平行主轴轴线方向移动(前后移动)的溜板。溜板上部有可转动的回转盘,工作台在溜板上部回转盘的导轨上作垂直于主轴轴线方向移动(左右移动)。工作台上用 T 形槽用来固定工件。这样,安装在工作台上的工件就可以在 3 个坐标上的 6 个方向调整位置或进给,如图 6.3 所示。

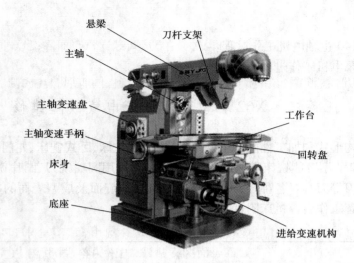

悬梁
刀杆支架
主轴
主轴变速盘
主轴变速手柄
床身
底座
工作台
回转盘
进给变速机构

图 6.3　X62W 型铣床外形图

　　铣床主轴带动铣刀的旋转运动是主运动,直接启动,启动时空载启动,时间较短,可直接启动;电源反接制动,铣刀是一种多刀多刃刀具,铣加工是一种断续性加工。为了铣削时平稳些,速度不因不连续的铣削而波动,铣床轴上装有飞轮,停车时因飞轮惯性较大导致停车时间较长,采用电气制动停车;可逆运行,铣削加工一般有顺铣和逆铣两种形式,为了适应顺铣和逆铣两种铣削方式的需要,主轴电动机应能正、反转;异地控制,方便员工对机器的操作,应设置多处按钮实现机器的开与关;变速冲动:铣床在铣削加工时,铣刀直径、刀具进给量、工件材料及加工工艺都不同,因此主轴的转速也不同,而为使变速时变速齿轮易于啮合,减小齿轮端面的冲击,因此变速时应有低速冲动;铣床工作台的前后(横向)、左右(纵向)和上下(垂直)6 个方向的运动是进给运动;铣床其他的运动,如工作台的旋转运动则属于辅助运动。

　　(二)X62W 电气控制电路

　　X62W 万能铣床电气控制图如图 6.4 所示。M1 是主轴电动机,在电气上实现启动控制与制动快速停转控制,完成顺铣与逆铣,需要正反转控制,主轴临时制动以完成变速操作过程。

　　M2 是工作台进给电动机,X62W 型万能铣床有水平工作台和圆形工作台,其中水平工作台可以实现纵向进给(有左右两个进给方向)、横向进给(有前后两个进给方向)、升降进给(有上下两个进给方向)、圆工作台转动 4 个运动,铣床当前只能进行一个进给运动(普通铣床上不能实现两个或以上多个进给运动的联动),通过水平工作台操作手柄、圆工作台转换开关、纵向进给操作手柄、十字复式操作手柄等选定,选定后 M2 的正反转就是所选定进给运动的两个进给方向。YA 是快速牵引电磁铁。当快速牵引电磁铁线圈通电后,牵引电磁铁通过牵引快速离合器中的连接控制部件,使水平工作台与快速离合器连接实现快速移动,当 YA 断电时,水平工作台脱开快速离合器,恢复慢速移动。

　　M3 是冷却泵电动机,在主轴电动机 M1 启动后,M3 冷却泵电动机才能启动。

　　(三)电路器件名称作用

　　电路元件名称及作用见表 6.5。

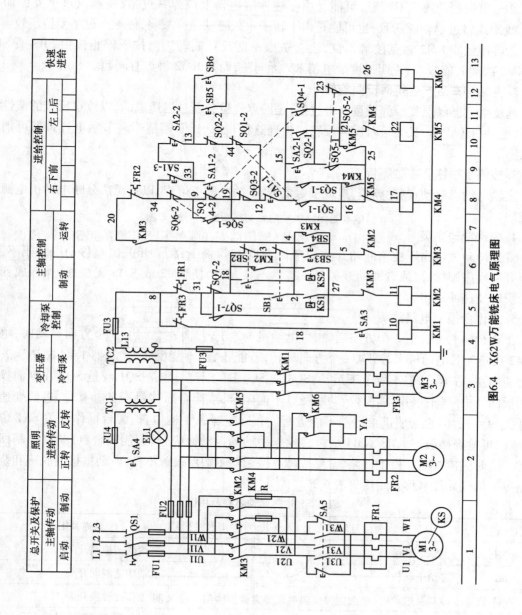

图6.4 X62W万能铣床电气原理图

（四）X62W 型万能铣床电气故障分析

1. 主轴停车时制动效果不明显或无制动

①速度继电器 KV 出现故障，速度继电器的两对动合触点不能正常闭合，按下停止按钮时，KM2 不能通电，因此不能实现反接制动。

②若出现制动效果不明显，可能是由于速度继电器复位弹簧过紧，使触点过早复位而将 KM2 线圈线路过早切断所致；也可能是由于转子永久磁铁磁性减弱，使触点过早复位所致。

③若接触器 KM2 触点接触不良，也会造成不能反接制动。当按下停止按钮 SB3 或 SB4 时，KM2 线圈若能吸合，说明速度继电器 KV 无问题，而是 KM2 触点有问题。

2. 主轴停车后产生短时反向旋转

速度继电器触点复位弹簧调整得过松，是触点复位分断过迟造成的，以致在反接的惯性作用下，电动机停止后，又会短时反向旋转。出现这种现象时，只需适当调节触电弹簧即可消除此故障。

3. 按停止按钮后主轴不停

主轴电动机启动、制动频繁，造成接触器 KM1 的主触点熔焊，以致无法分断电动机电源而造成的。

4. 变速冲动失灵

变速冲动失灵由于变速冲动开关 SQ7 或 SQ6 在频繁压合下，开关位置移动以致压不上，甚至开关底座被撞碎，或者冲动开关触点接触不良，都会使 KM2 或 KM3 无法通电，造成变速时无瞬时变速冲动。

5. 工作台控制电路故障

工作台向右、前、下 3 个方向运动时，电动机 M2 正转，向左、后、上 3 个方向运动时，电动机 M2 反转。若电动机 M2 朝某一个方向旋转，若能正转，不能反转，接触器 KM4 故障。若工作台能向左、右运动，但不能上下运动，SQ3 或 SQ4 压合不上，或是 SQ1 或是 SQ2 在纵向操作手柄扳回到中间位置后不能复位，动断触点不能闭合，或闭合后接触不良。有时，进给变速冲动开关 SQ6 损坏，也会使进给运动不能进行。在确定操纵手柄位置、圆台操作开关 SA1 位置都正确，可检查接触器 KM3、KM4 是否随操作手柄的扳动而吸合，若能吸合，可断定控制回路正常。这时应检查电动机主回路，常见故障有接触器主触点接触不良，电动机接线脱落和绕组断路等。电气元件名称及用途见表 6.5。

表 6.5　电气元件名称及用途

电气元件符号	名称及用途	电气元件符号	名称及用途
M1	主轴电动机	SQ6	进给变速控制开关
M2	进给电动机	SQ7	主轴变速制动开关
M3	冷却泵电动机	SA1	圆工作台转换开关
KM1	主轴电机、冷却泵电动机启停控制接触器	SA4	照明灯开关
SA3	主轴电机转换开关	QS1	电源隔离开关

电气元件符号	名称及用途	电气元件符号	名称及用途
QS2	冷却泵转换开关	SB1、SB2	分设在两处的主轴启动按钮
KM2	反接制动控制接触器	SB3、SB4	分设在两处的主轴停止按钮
KM3	主电动机启停控制接触器	SB5、SB6	工作台快速移动按钮
KM4、KM5	进给电动机正转、反转控制接触器	FR1	主轴电动机热继电器
KM6	快移控制接触器	SQ1	工作台向右进给行程开关
KS	速度继电器	SQ2	工作台向左进给行程开关
R	限流电阻	SQ3	工作台向前、向上进给行程开关
FR2	进给电动机热继电器	SQ4	工作台向后、向下进给行程开关
FR3	冷却泵热继电器	TC	变压器
FU1 ~ FU4	熔断器		

6. 工作台不能快速移动

工作台在作进给运动时按下 SB5 或 SB6,工作台仍按原速度运动,而不能作快速运动,说明牵引电磁铁 YA 没起作用。若 KM5 无故障,则故障发生在 YA 上。常见的故障原因有 YA 线圈烧坏,线圈松动,接触不良或机械零件卡死等。若电磁铁吸合正常,则可能是杠杆卡死等机械故障。

【想一想】 KM1 线圈开路会出现什么现象。

二、决策计划

确定工作组织方式,划分工作阶段,分配工作任务,讨论安装调试工艺流程和工作计划,填写工作计划表,见表6.6。

表6.6 工作计划表

项目六/任务二		X62W 型万能铣床电气的障维修		学时:
组长		组员		
序号	工作内容	人员分工	预计完成时间	实际工作情况记录
1	明确任务			
2	制订计划			
3	任务准备			
4	实施装调			
5	检查评估			
6	工作小结			

X62W 型万能铣床工程流程如下：

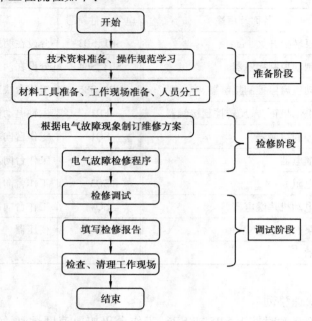

三、组织实施

组织实施	
维修过程中遵守操作相关规定	国家相应规范和政策法规、企业内部规定、安全生产规定
维修调试前准备	在维修调试前,应准备好安装调试用的工具、材料和设备,并做好工作现场和技术资料的准备工作
电路分析	看懂电路结构
万用表检测主电路电器质量	学会检测断路器、交流接器、热继电器质量好坏
万用表检测控制电路电器质量	正确检测启动、停止按钮、各器件常开、常闭触点和线圈质量
在维修和调试时,应该特别注意的事项	器件电阻性测量时,断电操作,注意不得损坏仪器仪表

(一)检修准备

在检修前,准备装配调试工具、材料和仪器设备,并做好工作现场和技术资料的准备工作。

1. 工具

安装所需工具:螺丝刀、尖嘴钳;万用表、钳形电流表、兆欧表;熔断器、接触器等。

2. 设备

X62W 型万能铣床电气控制电路板。

3. 工作现场

工作场地空间充足,方便进行检修调试,工具、材料等准备到位。

4. 技术资料

X62W 万能铣床主电路图,X62W 型万能铣床控制电路图。

(二)检修要求

安全操作

①加强电气安全管理工作,防止发生触电事故,确保职工在生产过程中的安全。

②在厂长、总工程师领导下,指定有关业务部门主管电气安全工作、保证电气安全。

③从事电气工作必须严格遵守安全操作规程。

(三)检修作业指导书

机床维修作业指导书					
机床型号		机床位号		机床安装时间	
机床保养时间		机床保全工			
机床维修时间		维修工姓名			
机床故障现象					
维修处理方法					
维修处理过程参数(维修草图分析)					
维修建议					
操作工验收			车间领导姓名		

217

四、检查评估

考核项目			配分	扣分	得分
安全操作	违反以下安全操作要求	发生触电事故	100	100	
		短路事故			
		损坏电器			
		损坏仪表等			
		未经教师同意,擅自带电操作			
		严重违反安全规程			
	安全与环保意识	电动机外壳没接地	5		
		操作中敲打电器			
		操作中掉工具、掉线、垃圾随地乱丢			
维修过程及检修方法	低压开关侧电压检测	检测方法正确	5		
	熔断器的侧电压检测	检测方法正确	5		
	接触器侧电压检测	检测方法正确	5		
	热继电器侧电压检测	检测方法安装正确	5		
	按钮内部检测	正确	5		
	电气线路的连接	线路连接正确	5		
	工具的使用	工具使用规范	10		
	仪表的使用	仪表使用正确	5		
	故障部位判断	正确	20		
	更换器件参数型号	正确	20		
检测调试	调试系统功能	会正确检测调试	5		
	分析原因并排除故障	会查找故障并能排除	5		
合　计			100		

【知识拓展】

X62W 型万能铣床控制电路分析

一、主电路分析

①M1 是主轴电动机,拖动主轴带动铣刀进行铣削加工,SA3 作为 M1 的换向开关。三相电源通过 FU1 熔断器,由电源隔离开关 QS 引入 X62W 型万能铣床的主电路。在主轴转动区中,FR1 是热继电器的加热元件,起过载保护作用。KM1 主触头闭合、KM2 主触头断开时,SA5 组合开关有顺铣、停、逆铣 3 个转换位置,分别控制 M1 主电动机的正转、停、反转。一旦 KM3 主触头断开,KM2 主触头闭合,则电源电流经 KM2 主触头、两相限流电阻 R 在 KS 速度继电器

的配合下实现反接制动。与主电动机同轴安装的 KS 速度继电器检测元件对主电动机进行速度监控,根据主电动机的速度对接在控制线路中的速度继电器触头 KS1、KS2 的闭合与断开进行控制。

②M2 是进给电动机,通过操纵手柄和机械离合器的配合拖动工作台前后、左右、上下 6 个方向的进给运动和快速移动,正反转由接触器 KM3、KM4 实现。KM4 主触头闭合、KM5 主触头断开时,M2 电动机正转。反之,KM4 主触头断开、KM5 主触头闭合时,则 M2 电动机反转。M2 正反转期间,KM6 主触头处于断开状态时,工作台通过齿轮变速箱中的慢速传动路线与M2 电动机相联,工作台作慢速自动进给;一旦 KM6 主触头闭合,则 YA 快速进给磁铁通电,工作台通过电磁离合器与齿轮变速箱中的快速运动传动路线与 M2 电动机相联,工作台作快速移动。

③M3 是冷却泵电动机,供应切削液,且当 M1 启动后 M3 才能启动,用手动开关 QS2控制。

④3 台电动机共用熔断器 FU1 作短路保护,分别用热继电器 FR1、FR2、FR3 作过载保护。

二、控制电路分析

控制电路电源由控制变压器 TC 输出 127 V 电压和 36 V 交流电压。

(一)主轴电动机 M1 控制

主轴电动机 M1 采用两地控制方式,KM1 是 M1 的启动接触器,YC 是主轴制动用的电磁离合器,SQ1 是主轴变速时瞬时位置开关。

①主轴电动机 M1 的启动:控制主轴的转速,再合上电源开关 QS1,把主轴换向开关SA3(2区)扳到所需的转向,按下启动按钮 SB1(或 SB2),接触器 KM1 线圈得电,KM1 主触点和自动触点闭合,M1 启动运转;KM1 动辅助触点(9-10)闭合,为工作台进给电机提供电源。

②主轴电动机 M1 的制动:按下停止按钮 SB5(或 SB6),SB5-1(SB6-1)动断触点(13 区)分断,接触器 KM1 线圈失电,电动机 M1 断电,SB5-2(SB6-2)动合触点(8 区)闭合,接通电磁离合器 YC1,主轴电动机 M1 制动停转。

③主轴换刀控制:主轴更换铣刀时,为避免主轴转动,需将主轴制动。将转换开关 SA1 扳向换刀位置,其动合触点 SA1-2(8 区)闭合,电磁离合器 YC1 线圈得电,主轴处于制动状态;同时动断触点 SA1-2(13 区)断开,切断控制电路,铣床停止运行。

④主轴变速时的瞬时点(冲动)控制:利用变速手柄与冲动位置开关 SQ1 通过机械上的联动机构实现的。变速时,先将变速手柄拉开,调整好主轴转速再将变速手柄推回。当变速手柄推回时,手柄通过机械装置瞬时断开,动合触点 SQ-1 瞬时压下位置开关 SQ1 后又松开,使其动断触点 SQ1-2 瞬时断开,动合触点 SQ1-1 瞬时闭合,接触器 KM1 瞬时得电,电动机瞬时启动,使啮轮顺利闭合。

(二)进给电机 M2 控制

进给电机 M2 控制工作台的进给运动在主轴启动后进行。工作台上下、左右、前后 6 个方向的进给运动是通过两个操纵手柄和机械联动机构控制相应的位置开关使进给电动机 M2 正转或反转实现的,并且 6 个方向的运动是联锁的。

①圆形工作台的控制。由转换开关 SA2 控制。当需要工作台时,将开关 SA2 扳至"接通"位置,这时触点 SA2-1 和 SA2-3(17 区)断开,SA2-2(18 区)闭合,电流经 10—13—14—15—

20—19—17—18 使接触器 KM3 得电,电动机 M2 启动,带动圆形工作旋转,工作台 6 个方向不能进给;当不需要圆形工作台时,将开关 SA2 扳至"断开"位置,这时触点 SA2-1 和 SA2-3(17)区闭合,SA2-2(18 区)断开,工作台 6 个方向进给正常,圆工作台不工作。

②工作台左右进给的控制。工作台的左右进给运动由左右进给操作手柄控制。操作手柄与位置开关 SQ5 和 SQ6 联动,有左、中、右 3 个位置。当手柄扳向中间位置时,位置开关 SQ5 和 SQ6 均未被压合,进给控制电路处于断开状态;当手柄扳向左或右的位置时,手柄压下位置开关 SQ5 或 SQ6,使动断触点 SQ5-2 或 SQ6-2(17 区)分段,动合触点 SQ5-1(17 区)或 SQ6-1(1区)闭合,接触器 KM3 或 KM4 得电动作,电机动 M2 正转或反转,通过机械机构将动力传递到左右进给丝杠,拖动工作台向左或右运动。当工作台左右进给到极限位置时,安装在工作台向左或右运动,当工作台左右进给到极限位置时,安装在工作台两端的限位挡铁碰撞手柄连杆使手柄复位到中间位置,位置开关 SQ5 或 SQ6 复位,电动机的传动链与左右丝杠脱离,电动机 M2 停转,工作台停止进给,实现左右进给的终端保护。

③工作台上下和前后进给的控制。工作台的上下和前后进给运动由横向和垂直进给操作手柄控制,操作手柄与位置开关 SQ3 和 SQ4 联动,有上、下、前、后、中 5 个位置。当手柄扳向中间位置,位置开关 SQ3 和 SQ4 均未被压合,进给控制电路处于断开状态;当手柄扳向下或前位置时,手柄压下位置开关 SQ3 使动段触电 SQ3-2(17 区)分段,动合触点 SQ3-1(17 区)闭合,接触器 KM3 得电动作,电动机 M2 正转,带动工作台向下或向前运动;当手柄扳向上或后位置时。手柄压下位置开关 SQ4 使动段触点 SQ4-2(17 区)分段,动合触点 SQ4-1(18 区)闭合,接触器 KM4 得电动作,电动机 M2 反转,带动工作台向上或向后运动。4 个方向的进给运动是通过机械结构将电动机 M2 的传动链与不同的进给丝杠相搭合实现的。当手柄扳向下或向上时,电动机 M2 的传动链与上下进给丝杠相搭合;当手柄扳向前或后时,电动机 M2 的传动链与前后进给丝杠相配合。和左右进给一样,工作台在上、下、前、后 4 个方向上有挡铁实现终端保护。

④工作台 6 个方向进给的联锁控制。当两个操作手柄都扳在工作位置时,位置开关 SQ5（或 SQ6）和 SQ3（SQ4）均被压下,断开接触器 KM3 和 KM4 通路,电动机 M2 不得电,保证操作安全。

⑤进给变速时的瞬间点动控制:进给变速冲动由位置开关 SQ2 控制,进给变速时,将进给变速盘向外拉,选择好速度后,再将变速机构推进去,此时,位置开关 SQ2 控制被瞬间压下,使动断触点 SQ2-2 瞬时断开,动合触点 SQ2-1 瞬时闭合,接触器 KM3 瞬时闭合一下又断开,使电动机 M2 瞬时点动,进给齿轮便顺利啮合。

⑥工作台的快速移动控制。按下快速移动按钮 SB3 和 SB4,接触器 KM2 得电,KM2 动断触点(9 区)分段,电磁离合器 YC2 失电,将齿轮传动链与进给丝杠分离;KM2 两对动合触点闭合,一对使电磁离合器 YC3 得电,将电动机 M2 与进给丝杠直接搭合;另一对使接触 KM3 或 KM4 得电动作,电动机 M2 正转或反转,带动工作台快速移动。松开 SB3 或 SB4 快速移动停止。

(三)冷却泵及照明电路的控制

主轴电动机 M1 和冷泵电动机 M3 采用顺序控制,只有主轴电动机 M1 启动后冷却泵电动机 M3 才能启动。冷泵电动机 M3 由组合开关 QS2 控制。

铣床照明由变压器 T1 供给 24 V 的安全电压,由开关 SA4 控制,熔断器 FU5 作照明电路的短路保护。

【任务小结】

①用万用表检修电气故障。

②X62W 型万能铣床维修方法。

【思考与练习】

一、填空题

1.主轴电机采取_____控制(两地、多地),主轴电机采用_____换向(开关、接触器)。

2.在用万用表检测主电路的电压时 $U_{UW}=380$ V, $U_{VW}=200$ V, $U_{UV}=200$ V,此时电机处于_____运行,会_____电机。

3.在维修过程中,测 KM1 线圈直流电阻为无穷大,_____不会转动,更换_____。

4.X62W 型万能铣床有_____工作台和_____工作台。

5.水平工作台实现_____进给,圆工作台实现_____运动,铣床当前只能进行一个进给运动。

二、简答题

1.X62W 型万能铣床主轴换刀时如何实现制动?

2.主轴变速冲动是如何实现的?

3.简述工作台 6 个方向进给的电气联锁控制。

任务三　Z3050 摇臂钻床电气控制线路故障检修

钻床主要功能是钻孔、扩孔、绞孔、攻螺纹等多种形式的加工。钻床的结构形式有立式钻床、卧室钻床、深孔钻床等。摇臂钻床是一种立式钻床,是机械加工车间常用的设备。

【工作过程】

工作步骤		工作内容
收集信息	资信	获取以下信息: 　Z3050 电气控制电路图 　检测 Z3050 电气控制器件质量方法 　检修 Z3050 电气控制线路步骤
决策计划	决策	Z3050 机床电气控制电路故障检修
	计划	Z3050 机床电气控制电路图 检测 Z3050 机床电气控制电路
组织实施	实施	整理 Z3050 机床电气控制器件型号参数 识读 Z3050 机床电气控制电路图 检测 Z3050 机床电气控制电路

续表

工作步骤		工作内容
检查评估	检查	检查检修电路 检查更换后器件参数
	评估	工作严谨认真

一、收集信息

（一）认识 Z3050 摇臂钻床

摇臂钻床主要由底座、内外立座、摇臂、主轴箱和工作台组成，如图 6.5 所示。摇臂的一端为套筒，套筒在外立柱上，借助丝杠可沿外立柱上下移动。主轴箱安装在摇臂的水平轨上可通过手轮操作使其在水平导轨上沿摇臂移动。加工时根据工件高度的不同，摇臂借助于丝杠可带着主轴箱沿外立柱上下升降。在升降之前，应自动将摇臂松开，再进行升降，主轴箱摇臂当到达位置时，摇臂自动夹紧在立柱上。摇臂钻床钻削加工分为工作运动和辅助运动。工作运动包括主运动（主轴的旋转运动）和进给运动（主轴轴向运动）；辅助运动包括：主轴箱沿摇臂的横向移动，摇臂的回转和升降运动。钻削加工时，钻头边旋转边作纵向进给。

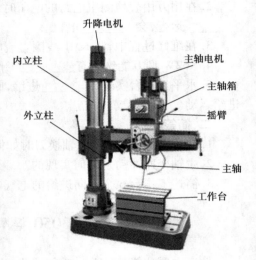

图 6.5　Z3050 摇臂钻床外形图

（二）器件名称及用途

电气元件符号	名称及用途	电气元件符号	名称及用途
FR1	M1 过载保护热继电器	SB4	摇臂下降按钮
FR2	M3 过载保护热继电器	SB5	主轴箱主柱松夹按钮
TC	照明指示控制降压变压器	SB6	主轴箱主柱松夹按钮
SB1	控制电路启动按钮	SB7	控制电源电路停止按钮
SB2	主轴电机 M1 启动按钮	SB8	主轴电机停止按钮
SB3	摇臂上升按钮	SQ1	液压泵转换开关
M1	主轴电动机	SQ2	摇臂松紧限位行程开关
M2	摇臂升降电动机	SQ3	摇臂松紧限位行程开关
M3	液压泵电动机	QF1	电源总开关
M4	冷却泵电动机	QF2	低压断路器 M2、M3、M4 短路保护
KM1	控制主轴电动机接触器	QF3	低压断路器控制电路保护

电气元件符号	名称及用途	电气元件符号	名称及用途
KM2	控制 M2 正转接触器	QF4	低压断路器信号灯电路保护
KM3	控制 M2 反转接触器	YV	摇臂夹紧放松电磁铁
KM4	控制 M3 正转接触器	KV	欠压保护继电器
KM5	控制 M3 反转接触器	SA1	冷却泵电动机控制开关
KT	时间继电器		

（三）Z3050 常见电气故障检修分析

1. 主轴电动机无法启动

①电源总开关 QS 接触不良，需调整或更换。

②控制按钮 SB1 或 SB2 接触不良，需调整或更换。

③接触器 KM1 线圈断线或触点接触不良，需重接或更换。

④低压断路器的熔丝已断，应更换熔丝。

2. 摇臂不能升降（见图 6.6）

①行程开关 SQ2 的位置移动，摇臂松开后没有压下 SQ2。

②液压系统出现故障，摇臂不能完全松开。

③控制按钮 SB3 或 SB4 接触不良，需调整或更换。

④接触器 KM2、KM3 线圈断线或触点接触不良，重接或更换。

3. 摇臂升降后不能夹紧

①行程开关 SQ3 的安装位置不当，需进行调整。

②行程开关 SQ3 发生松动而过早地动作，液压泵电动机 M3 在摇臂还未充分夹紧时就停止了旋转。

4. 液压系统的故障

电磁阀芯卡住或油路堵塞，将造成液压控制系统失灵，需检查疏通。

【想一想】　主电源缺相会造成什么现象？

二、决策计划

确定工作组织方式，划分工作阶段，分配工作任务，讨论安装调试工艺流程和工作计划，填写工作计划表见表 6.7。

電氣系統安裝與調試

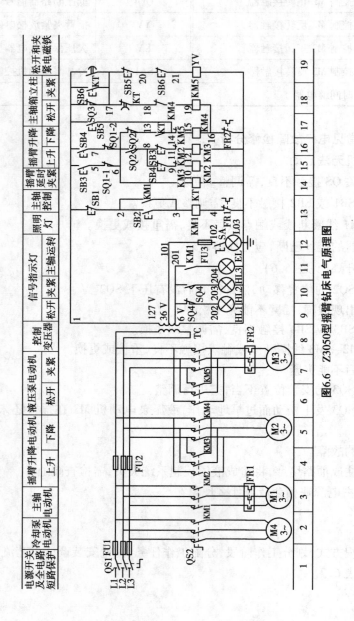

图6.6 Z3050型摇臂钻床电气原理图

224

表 6.7 工作计划表

项目六/任务二		Z3050 型摇臂钻床电气控制线路故障检修		学时:
组长		组员		
序号	工作内容	人员分工	预计完成时间	实际工作情况记录
1	明确任务			
2	制订计划			
3	任务准备			
4	实施装调			
5	检查评估			
6	工作小结			

Z3050 型摇臂钻床电气控制线路故障检修工作流程如下：

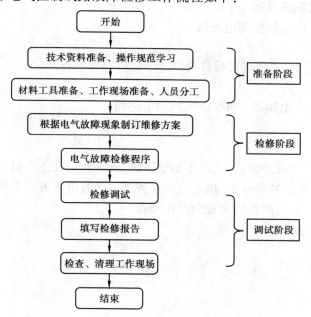

三、组织实施

组织实施	
维修过程中遵守操作相关规定	国家相应规范和政策法规、企业内部规定,安全生产规定
维修调试前准备	在维修调试前,应准备好安装调试用的工具、材料和设备,并做好工作现场和技术资料的准备工作
电路分析	能看懂电路结构

续表

组织实施	
万用表检测主电路电器质量	学会检测断路器、交流接器、热继电器质量好坏
万用表检测控制电路电气质量	正确检测启动、停止按钮、各器件常开、常闭触点和线圈质量
在维修和调试时,应该特别注意的事项	器件电阻性测量时,断电操作,注意不得损坏仪器仪表

(一)检修准备

在检修前,准备装配调试工具、材料和仪器设备,并做好工作现场和技术资料的准备工作。

1. 工具

安装所需工具:螺丝刀、尖嘴钳;万用表、钳形电流表、兆欧表;熔断器、接触器、线材等。

2. Z3050 型摇臂钻床设备

Z3050 型摇臂钻床电气控制电路板。

3. 工作现场

工作场地空间充足,方便进行检修调试,工具、材料等准备到位。

4. 技术资料

Z3050 钻床电气主电路图,Z305 电气控制电路图。

(二)检修要求

1. 安全操作

①加强电气安全管理工作,防止发生触电事故,确保职工在生产过程中的安全。

②在厂长、总工程师的领导下,指定有关业务部门主管电气安全工作、保证电气安全。

③从事电气工作必须严格遵守安全操作规程。

2. 检修作业指导书

_____机床维修作业指导书

机床型号		机床位号		机床安装时间	
机床保养时间		机床保全工			
机床维修时间		维修工姓名			
机床故障现象					
维修处理方法					
维修处理过程参数(维修草图分析)					
维修建议					
操作工验收			车间领导		

四、检查评估（见表6.8）

表6.8　检查表

考核项目			配分	扣分	得分
安全操作	违反以下安全操作要求	发生触电事故	100	100	
		短路事故			
		损坏电器			
		损坏仪表等			
		未经教师同意,擅自带电操作			
		严重违反安全规程			
	安全与环保意识	电动机外壳没接地	5		
		操作中敲打电器			
		操作中掉工具、掉线,垃圾随地乱丢			
维修过程及检修方法	低压开关侧电压检测	检测方法正确	5		
	熔断器的侧电压检测	检测方法正确	5		
	接触器侧电压检测	检测方法正确	5		
	热继电器侧电压检测	检测方法安装正确	5		
	按钮内部检测	方法正确	5		
	电气线路的连接	线路连接正确	5		
	工具的使用	工具使用规范	10		
	仪表的使用	仪表使用正确	5		
	故障部位判断	正确	20		
	更换器件参数型号	正确	20		
检测调试	调试系统功能	会正确检测调试	5		
	分析原因并排除故障	会查找故障并能排除	5		
合　计			100		

【知识拓展】

Z3050电气控制电路分析

一、主电路分析

Z3050型摇臂钻床由4台电动机拖动,分别是主轴电动机 M1,摇臂升降电动机 M2,液压泵电动机(即松紧电机)M3,均采用接触器直接启动;冷却泵电动机 M4,采用开关直接启动。

①主轴电动机 M1。由交流接触器 KM1 控制,单方向旋转,正反转由机械手柄操作,M1 装

在主轴箱顶部,带动主轴工作。

②升降电机 M2,装于主轴顶部,用接触器 KM2 和 KM3 控制,能实现正反面转动,摇臂升降由单独的一台电动机 M2 拖动。

③液压油泵电动机 M3,摇臂的移动按照摇臂松开→升降→摇臂夹紧的程序进行。因此,摇臂的松紧与摇臂升降按自动控制进行。摇臂的夹紧与放松以及立柱的夹紧与放松由一台松紧电动机 M3 配合液压装置(电磁阀 YA)来完成,要求这台电动机能正反转。根据要求采用点动控制。夹紧机构液压系统:安装在摇臂背后的电器盒下部,用以夹紧松开主轴箱、摇臂及立柱。主轴箱和立柱的松、紧是同时进行的,因此在操作过程中,电磁阀 YV 线圈不吸合,液压泵供出的压力油进入主轴箱和立柱的松开、夹紧油腔,推动松、紧机构实现主轴箱和立柱的松开、夹紧。

④冷却泵电动机 M4。在钻削加工时,对刀具及工件进行冷却,需要一台冷却泵电动机拖动冷却泵输送冷却液,由开关直接启动。

⑤其他。电路之间有保护和联锁装置以及安全照明、信号指示电路。

二、控制电路分析

1. 主轴电动机 M1 的控制

按启动按钮 SB2,接触器 KM1 吸合并自锁,使主电动机 M1 启动运行,同时指示灯 HL3 亮,按停止按钮 SB1,接触器 KM1 失电,主轴电动机 M1 停止旋转,同时指示灯熄灭。

2. 摇臂升降控制

摇臂升降电动机 KM2,按钮 SB3、SB4 分别摇臂升降电动机上升下降的点动按钮,KM2、KM3 组成接触器双重连锁的正反转点动控制电路。

(1)摇臂上升

Z3050 型摇臂通常处于夹紧状态,按下上升点动按钮 SB3,时间继电器 KT 线圈得电,其动合触点 KT 闭合,接触器线圈 KM4 得电,其主触点 KM4 闭合,液压泵电动机 M3 正转;同时延时闭合触点 KT 闭合,电磁阀 YV 得电,摇臂开始松开。当摇臂松开后,行程开关 SQ2 释放,其动断触点 SQ2 断开,接触器 KM4 失电,液压泵电动机 M3 停转,液压泵停止供油;同时,其动合触点 SQ2 闭合,接触器 KM2 得电,摇臂升降电动机 M2 正转,带动摇臂上升。当摇臂上升到所需位置时,松开 SB3,接触器 KM2 和时间继电器 KT 的线圈失电,其主触点和动合触点断开,摇臂升降电动机 M2 停止转动,摇臂停止上升。时间继电器 KT 的线圈失电后,延时闭合触点 KT 延时 1～3 s 后闭合,接触器 KM5 的线圈得电,液压泵电动机 M3 反转;同时,触点 KT 延时断开,由于 SQ3 已闭合,所以电磁阀 YV 仍得电,摇臂开始夹紧。当摇臂夹紧后,行程开关 SQ2 释放,行程开关 SQ3 动作,其动断触点断开,使接触器 KM5 的线圈失电,液压泵电动机 M3 停转,电磁阀 YV 失电复位。

(2)主轴箱、立柱

①主轴箱、立柱松开。

按下松开按钮 SB5 接触器 KM4 的线圈得电,液压泵电动机 M3 正转,拖动液压泵,液压油液进入主轴箱、立柱的松开油腔,推动活塞,使主轴箱、立柱松开。此时,按钮 SQ4 不受压,动断触点 SQ4 闭合,指示灯 HL2 亮,表示松开。

②主轴箱、立柱的夹紧。

到达需要位置后，按下夹紧按钮 SB6，接触器 KM5 线圈得电，液压泵电动机 M3 反转，拖动液压泵，液压油液进入主轴箱、立柱的夹紧油腔，推动活塞，使主轴箱、立柱夹紧；同时，按钮 SQ4 受压，动断触点 SQ4 断开，动合触点 SQ4 闭合，夹紧指示灯 HL3 亮。

（3）保护环节

低压断路器 QF1 对主轴电动机 M1 进行短路保护；低压断路器 QF2 对摇臂升降电动机 M2、液压泵电动机 M3 以及冷却泵电动机 M4 进行短路保护；低压断路器 QF3 对控制电路进行短路保护。热继电器 FR1 对主轴电动机 M1 进行过载保护，热继电器 FR2 对液压泵电动机 M3 进行过载保护。摇臂升降的极限位置通过行程开关 SQ1 来实现。当摇臂上升或下降到极限位置时相应触点动作，切断与其对应的上升接触器 KM2 或下降接触器 KM3，使摇臂升降电动机 M2 停转，摇臂停止升降，实现极限位置保护。

【任务小结】

①用万用表检修电气故障方法。

②用钳形电流表检测相电流判断故障。

【思考练习】

一、填空题

1. Z3050 型摇臂钻床钻削加工分为_____运动和_____运动。

2. Z3050 型摇臂钻床由 4 台电动机拖动，M1_____，M2_____。

3. Z3050 型摇臂升降电动机，按钮_____、_____分别摇臂升降电动机上升下降的点动按钮。

4. 热继电器 FR1 对_____进行过载保护，热继电器 FR2 对_____进行过载保护。

5. 冷却泵电动机 M4，采用_____启动，冷却液对_____进行冷却。

二、简答题

1. 简述 Z305 主轴电机工作过程。

2. 简述冷却泵电机工作过程。

项目七　三相交流异步电动机变频调速系统的接线与调试

【项目描述】

变频调速在如今的生产、科学研究及其他各个领域的应用十分广泛。尤其是在自动控制领域中运用更为广泛。本项目就变频器的种类、参数及其设置、安装接线、电动机变频调速常见的调速方法等方面进行介绍和学习。

【项目要求】

知识：

➤ 能记住三相交流异步电动机的调速方法；

➤ 能说明变频调速控制的工作原理。

技能：

➤ 能正确连接变频器连接线；

➤ 能正确安装变频器控制电动机调速电路。

情感态度：

➤ 能积极参与各种教学实践活动，分享活动成果；

➤ 能以良好的学习态度、团结合作、协调完成教学活动；

➤ 能自觉遵守课堂纪律，维持课堂秩序；

➤ 具有较强的节能、安全、环保和质量意识。

根据电气原理图和接线图，在考虑经济、合理和安全的情况下，制订安装调试计划，正确选择工具、导线、变频器和电动机等，与他人合作安装变频器控制电机调速线路。

【工作过程】

工作步骤		工作内容
收集信息	资信	获取以下信息和知识： 　变频器的种类 　变频器的参数设置 　变频器安装的注意事项
决策计划	决策	确定导线规格、颜色及数量 确定电动机的类型和数量 确定变频器的安装方法 确定变频器调速控制电路安装和调试的专业工具 确定变频器调速控制电路安装调试工序
	计划	根据变频器外部接线图编制接线计划 填写变频器线路安装调试所需电器、材料和工具清单

续表

工作步骤		工作内容
组织实施	实施	安装前对变频器、低压电器等电气元件的外观、型号规格、数量、标志、技术文件资料进行检验 正确选定安装位置,变频器、低压电器等电器安装 根据接线图,在元件布局图上完成变频器控制电路连接 进行变频器参数设置、调试及试运行
检查评估	检查	电气元件安装位置及接线是否正确,接线端接头处理是否符合工艺标准
	评估	变频器调速控制电路的安装、检测、调试各工序的实施情况 团队精神 工作反思

一、收集信息

(一)变频器

1. 变频器简介

变频器是利用电力半导体器件的通断作用将工频交流电源变换为另一频率可调交流的电能控制装置。

变频器主要用来通过调整频率而改变电动机转速,因此也称为变频调速器。

2. 变频器的特点

①平滑软启动,降低启动冲击电流,减少变压器占有量,确保电机安全。

②在机械允许的情况下可通过提高变频器的输出频率来提高工作速度。

③无级调速,调速精度大大提高。

④电机正反向无须通过接触器切换。

⑤具有多种信号输入输出端口,非常方便地接入通信网络控制,实现生产自动化控制。

3. 变频器的安装方法

①变频器应垂直安装。

②变频器运行时要产生热量,为确保冷却空气的通路,在设计时要在变频器的各个方向留有一定的空间。

③变频器运行时,散热板的温度能达到接近 90 ℃,所以,变频器背面的安装面必须要用能耐受较高温的材质。

4. 变频器外部线路的连接

①连接外部按钮,如图 7.1 所示的端子 CM(黄线)、REV(蓝线)、FWD(绿线)接按钮开关。

注:此线组为硬线(黄线为公共端)。

②连接电位器

端子 11(黄线)、12(绿线)、13(红线)接电位器的 3 个端子,其中,12(绿线)接电位器的中间端子。

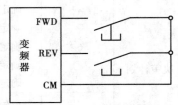

图 7.1　变频器外部线路的连接

注:此线组为软线;变频器在正常工作过程中,电位器两端有 10 V 的电压。

③连接电源

主电路电源端子 L1/R、L2/S、L3/T 与电源连接。

④连接电动机

变频输出端子(U、V、W)应按正确相序连接至电动机。在变频器上已经给出的接线中有 3 条颜色相同的软线,将这 3 条线通过接线端子与电动机相连。

连线时注意事项:

在变频器的线路连接过程中,需要注意以下 5 个方面。

①电源一定要连接于主电路电源端子 L1/R、L2/S、L3/T。如果错将电源连接于其他端子,则将损坏变频器。

②接地端子必须良好接地,一方面可以防止电击或火警事故,另一方面能降低噪声。

③一定要用压接端子连接端子和导线,保证连接的高可靠性。

④完成电路连接后,需检查以下各点:

所有连接是否都正确无误;有无漏接线;各端子和连接线之间是否有短路或对地短路。

⑤投入电源后,要改变接线,首先应切除电源,并必须注意主电路直流部分滤波电容器完成放电需要一定时间,要等待充电指示灯熄灭,再用直流电压表测试,确认电压值小于 DC25 V 安全电压值后,才能开始作业。

5. 变频器主要参数介绍(以三菱系列的变频器为例)

①上限频率(Pr.1)

限制变频器输出频率上限值,出厂设定为 120 Hz。

②下限频率(Pr.2)

限制变频器输出频率下限值,只要启动信号为 ON,频率达到下限值就启动电机。

③速度参数

Pr.4 高速;Pr.5 中速;Pr.6 低速。

④加减速时间设定

Pr.7 加速时间;Pr.8 减速时间。

⑤电子过流保护(Pr.9)。

⑥适用负荷选择(Pr.14)。

恒转矩负荷(输送机、台车等)设定为 0。

低转矩负荷(风机、泵等)设定值为 1。出厂设定值为 1。

⑦参数写入禁止选择(Pr.77)运行时设置为 1 防止误操作。

仅限于停止写入设定值为 0。出厂设定为 0。

不可写入设定值为 1。

即使运转也可以写入设定值为 2。

6. 变频器参数的设置

操作面板各部件名称和作用:设置参数一定要在关掉变频器输出(非 RUN 状态下)进行,以设定 Pr.1 参数为例介绍参数设定方法。

〖1〗电源接通时显示的监视器画面。

〔2〕按键,进入 PU 运行模式。PU 显示灯亮。

〔3〕按键,进入参数设定模式。PRM 显示灯亮(显示以前读取的参数编号)。

〔4〕旋转,将参数编号设定为(Pr.1)。

〔5〕按键,读取当前的设定值。显示"120.0 Hz"(初始值)。

〔6〕旋转,将值设定为"50.00 Hz"。

〔7〕按键设定,闪烁……参数设定完成。

①旋转可读取其他参数。

②按键可再次显示设定值。

③按两次键可显示下一个参数。

④按两次键可返回频率监视画面。

(二)操作面板介绍

如图 7.2 所示,操作面板各按键功用介绍。

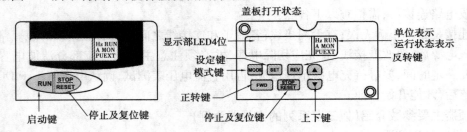

●键表示

按 键	说 明
RUN 键	正转运行指令键
MODE 键	可用于选择操作模式或设定模式
SET 键	用于确定频率和参数的设定
▲/▼ 键	●用于连续增加或降低运行频率。按下这个键可改变频率 ●在设定模式中按下此键,则可连续设定参数
FWD 键	用于给出正转指令
REV 键	用于给出反转指令
STOP RESET 键	●用于停止运行 ●用于保护功能动作输出停止时复位变频器

图 7.2　操作面板各按键功能

(三)多段速度设置

三菱变频器最多可设置 17 种速度,这里只介绍 7 种速度的设置,如图 7.3 所示。

设置 7 种速度的参数分别是:Pr.4、Pr.5、Pr.6、Pr.24、Pr.25、Pr.26、Pr.27。

Pr.4 为高速,设置方法是:在参数显示为 4 时,输入高速时的频率值,再按 SET 即可。操作方法是:"RH"ON,其他 OFF。出厂时设置值为 50 Hz。

注意:频率设定模式,仅在操作模式为 PU 操作模式时显示。

Pr.5 为中速,设置方法是:在参数显示为 5 时,输入中速时的频率值,后按 SET 即可。操作方法是:"RM"ON,其他 OFF。出厂时设置值为 30 Hz。

Pr.6 为低速,设置方法是:在参数显示为 6 时,输入低速时的频率值,后按 SET 即可。操作方法是:"RL"ON,其他 OFF。出厂时设置值为 10 Hz。

按 MODE 键改变监示显示

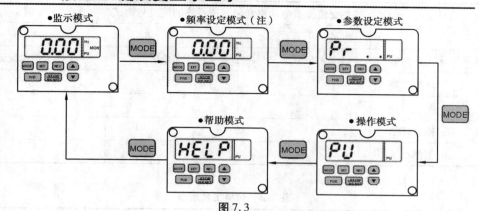

图7.3

Pr.24 为 4 速,设置方法是:在参数显示为 24 时,输入第 4 种速度时的频率值,后按 SET 即可。操作方法是:"RM、RL" ON,"RH" OFF。出厂时设置值为 9 999。

Pr.25 为 5 速,设置方法是:在参数显示为 25 时,输入第 5 种速度时的频率值,后按 SET 即可。操作方法是:"RH、RL" ON,"RM" OFF。出厂时设置值为 9 999。

Pr.26 为 6 速,设置方法是:在参数显示为 26 时,输入第 6 种速度时的频率值,后按 SET 即可。操作方法是:"RH、RM" ON,"RL" OFF。出厂时设置值为 9 999。

Pr.27 为 7 速,设置方法是:在参数显示为 27 时,输入第 7 种速度时的频率值,后按 SET 即可。操作方法是:"RH、RM、RL" 全为 ON。出厂时设置值为 9 999。

(四)参数 Pr.7、Pr.8 设置

Pr.7 为加速时间设置参数,即变频器启动后,从启动频率到达设置频率值的时间,这个时间的出厂设置值为 5 s。许多时候电机启动时发生因启动电流过大而跳闸,此时可通过延长这个加速时间而解决。

Pr.8 为减速时间,有加速时间与减速时间的启动称为软启动。减速时间的设定要根据设备的工艺要求来定。出厂的设置值也为 5 s。

【想一想】 如果有一个变频器,想让电机从低速工作转到高速工作,应该怎样设置变频器?

二、决策计划

确定工作组织方式,划分工作阶段,分配工作任务,讨论安装调试工艺流程和工作计划,填写工作计划表和材料工具清单,分别见表 7.1 和表 7.2。

表7.1 工作计划表

项目七		三相交流异步电动机变频调速系统的接线与调试		学时:
组长		组员		
序号	工作内容	人员分工	预计完成时间	实际工作情况记录
1	明确任务			
2	制订计划			

续表

项目七		三相交流异步电动机变频调速系统的接线与调试		学时：
组长		组员		
序号	工作内容	人员分工	预计完成时间	实际工作情况记录
3	任务准备			
4	实施装调			
5	检查评估			
6	工作小结			

表7.2　材料工具清单

工具					
仪表					
器材					
元件	名　称	代　号	型　号	规　格	数　量

三、组织实施

组织实施	
安装调试过程中必须遵守哪些规定/规则	国家相应规范和政策法规、企业内部规定
安装调试前的准备	在安装调试前，应准备好安装调试用的工具、材料和设备，并做好工作现场和技术资料的准备工作
在安装变频器、低压电器等电器元件时都应注意哪些事项	
在安装变频器外接电路时，导线规格的选择	
在安装和调试时，应该特别注意的事项	
如何使用仪器仪表对电路进行检测	
在安装和调试过程中，采用何种措施减少材料的损耗	分析工作过程，查找相关网站

安装调试变频器外接电路工艺流程如下：

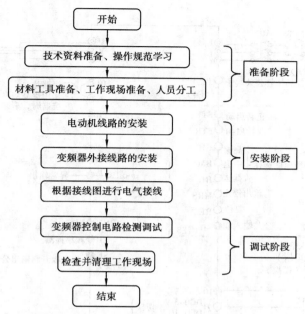

（一）安装调试准备

在安装调试前,应准备好安装调试用的工具、材料和设备,并做好工作现场和技术资料的准备工作。

1. 工具

工具:钢丝钳、斜口钳、剥线钳、一字螺丝刀、十字螺丝刀(3.5 mm)、电工刀、起子(3.5 mm)等各1把,数字万用表1块。

2. 材料和器材

实训工作台和木板、导线BV-0.75BVR型多股铜芯软线、2.5平方塑料铝芯线、行线槽、扎线带、木螺钉、电动机、变频器,三极刀开关、接线端子。

3. 工作现场

现场工作空间充足,方便进行安装调试,工具、材料等准备到位。

4. 技术资料

变频器外部电气接线图;工作计划表、材料工具清单表。

（二）安装工艺要求

如图7.4所示为变频器的接线图。

①备齐工具、材料,请按图选配电器元件和器材,并进行质量检查。

②安装元件。按布置图中电器元件的实际位置在控制板上安装电器元件,并贴上醒目的文字符号。

③布线。按接线图的走线方法,进行布线。

工艺要求:

a.导线与接线端子或接线桩连接时,不得压绝缘层,不允许反圈、不允许裸露过长(一般不超过2 mm)。

b.电器元件的同一接线端子上的连接导线不得多于两根,接线端子板上连接导线只能连

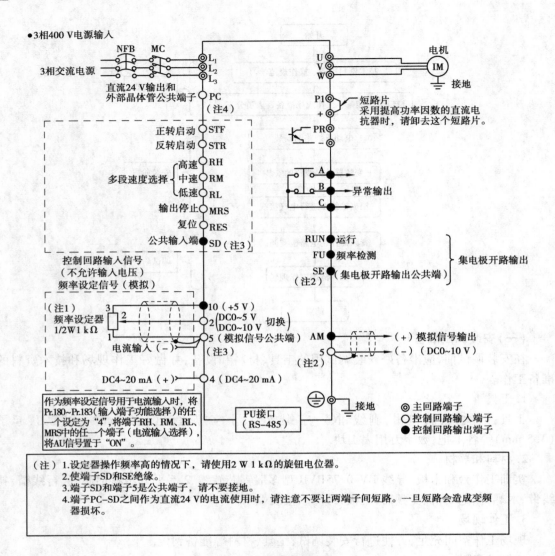

图7.4　变频器接线图

接1根。

④工具使用方法正确,不损坏工具及各元器件。

⑤导线剥削处不应损伤线芯或线芯过长,导线压头应牢固可靠。

⑥接线端子各种标志应齐全,接线端接触应良好。

⑦通电试车。试车前必须征得教师同意,并由教师指导下通电试车;试车时要认真执行安全操作规程的有关规定;通电试车完毕,停转切断电源。

(三)安装调试的安全要求

①安装前应仔细阅读数据表中每个电器元件的特性数据,尤其是安全规则。

②安装各部件时,应注意底板是否平整。若底板不平,元器件下方应加垫片,以防安装时损坏元器件。

③低压开关、熔断器的受电端应装在控制板外侧;各元件的安装位置应整齐、匀称,间距合

238

理,便于元件更换;紧固各元件时,用力要均匀。

④操作时应注意工具的正确使用,不得损坏工具及元器件。

⑤通电试验时,操作方法应正确,确保人身及设备的安全。

⑥工作温度。变频器内部是大功率的元器件,极易受到工作温度的影响。产品温度一般要求为 0 ~ 55 ℃,但为了保证工作安全、可靠,使用时应考虑留有余地,最好控制在 40 ℃ 以下。在控制箱中,变频器一般应安装在箱体上部,并严格遵守产品说明书中的安装要求,绝对不允许把发热元件或易发热的元件紧靠变频器的底部安装。

⑦环境温度。温度太高且温度变化较大时,变频器内部易出现结露现象,其绝缘性能就会大大降低,甚至可能引发短路事故。必要时,必须在箱中增加干燥剂和加热器。

（四）安装调试的步骤

①检查接线是否正确。安装接线时,人多手杂,现场情况复杂,特别是当接线工作不是由调试者做的时候,一定要仔细检查接线是否正确,留意变频器输出端不能接电容器、电感器等除电动机外的其他负载。

②不带负载,启动变频器,设定运行参数,加速或减速时间可选经验值。

③将变频器设定在手动和面板控制状态,启动变频器,逐渐加大运行频率。

④接上负载,启动变频器,将变频器运行在 10 Hz,观察电动机转向是否正确。若不对,则停止运行后,调换电动机接线的相序。

⑤让变频器从零逐渐增大到最大转速,确认变频器与电动机配合是否恰当。

注意:不允许变频器电流超过电动机额定电流值。

⑥停止变频器运行,将变频器设置为电压显示模式,观察变频器减速过程中是否出现直流过压。如出现,则加大减速时间。若减速时电流较小,则可缩短减速时间参数。

⑦将变频器设定在自动控制状态,锁定变频器运行参数,系统即调试完毕。

四、检查评估

该项目的检查主要包括组装及工具使用、检测调试和安全操作 3 个方面。检查表格见表 7.3。

表7.3 检查表

考核项目			配分	扣分	得分
安全操作	违反以下安全操作要求	发生触电事故、短路事故、损坏电器、损坏仪表等	100		
		未经教师同意,擅自带电操作			
		严重违反安全规程			
	安全与环保意识	电动机外壳没接地	5		
		操作中敲打电器			
		操作中掉工具、掉线,垃圾随地乱丢			

续表

考核项目		配分	扣分	得分
组装及工具使用	元器件的安装	安装不牢固每处扣2分 损坏元器件每处扣5分	10		
	按原理图接线	接线有误或漏接每根扣2分 不按电路图接线每处扣5分 损伤导线绝缘或线芯每根扣2分	10		
	正确设定变频器参数	变频器操作方式设定错误每次扣5分 多段速度运行参数设定错误每个扣2分	10		
	准确测量参数	测量有较大误差或错误每个扣3分	10		
	工具的使用	工具使用规范	5		
	正确调试变频调速系统	系统操作顺序不正确每次扣5分 调试后不能达到性能指标每个扣5分 系统参数调节有误每处扣5分	15		
	通电试运行	通电试运行1次不成功扣10分 通电试运行2次不成功扣20分	20		
检测调试	检测无误后,规范布线	电线整齐,规范	5		
	调试系统功能	会正确检测调试	5		
	分析原因并排除故障	会查找故障并能排除	5		
合　计			100		

【知识拓展】

交流变频调速的控制方式

三相异步电动机变频调速的控制方式有恒磁通控制方式、恒电流控制方式和恒功率控制方式3种。

1. 恒磁通控制方式

在电动机调速时,都希望保持电动机中每极磁通量为额定值不变。磁通太弱,电动机的铁芯没有得到充分利用,是一种浪费;若增大磁通,又会使铁芯饱和,从而导致过大的励磁电流,严重时还会因绕组过热而损坏电动机。

通常要求磁通保持恒定,即 Φm 为常数。为了保持磁通恒定,必须使定子电压和频率的比值保持不变,即称为恒磁通控制方式。

$$C = \frac{U_1}{f_1}$$

2. 恒电流控制方式

恒流变频调速控制方式就是要求在电动机变频调速过程中定子电流 I 保持恒定;因此,要求变频电源是一种恒流源,电动机在变频调速过程中始终保持定子电流为峰值。由于变频器的电流被控制在给定的数值上,因此在换流时没有瞬时的冲击电流,调速系统的工作比较安全可靠,特性良好。恒流变频系统与恒磁通变频系统是相似的,均属于恒转矩调速。但恒流变频系统的最大转矩 T_m 要比恒磁通变频系统的最大转矩小得多,故恒流变频系统的过载能力比较小,只适用于负载变化不大的场合。

3. 恒功率控制方式

电动机工作在额定状态下,$f_1 = f_1n$ 且 $n_1 = n_1n$,为了使电动机转速超过额定转速,定子供电电源频率由额定值 f_1 向上增大。但定子电压 u_1 受额定电压 u_1n 的限制不能再升高,只能保持 $u_1 = u_1n$ 不变。这样一来,气隙磁通就会小于额定磁通,导致转矩的减小。而电动机的允许输出功率保持近似不变,相当于直流电动机弱磁调速的情况,属于近似恒功率调速。

在异步电动机变频调速系统中,为了得到宽的调速范围,可将恒转矩变频调速与恒功率调速结合起来使用。在电动机转速低于额定转速($f_1 \leqslant f_1n$)时,采用恒转矩变频调速;在电动机转速高于额定转速($f_1 \geqslant f_1n$)时,采用只调频不调压的近似恒功率调速。综合调速性质为恒转矩和恒功率调速。

【项目小结】

①通过本项目的学习,需掌握三相异步电动机变频调速的3种控制方式,即恒磁通控制方式、恒电流控制方式、恒功率控制方式。

②对变频器的选用以及安装方式有一定的认识。

③掌握变频器的外部接线方法和参数设置方法。

【思考与练习】

一、填空题

1. 三相异步电动机变频调速的控制方式有_____、_____和_____控制方式3种。

2. 恒压频比控制方式,相当于直流电动机_____调速的情况,属于_____调速。

3. 恒流变频调速控制方式就是要求在电动机变频调速过程中保持定子_____为一恒值。恒流变频系统的过载能力_____,只适用于负载_____的场合。

4. 恒功率控制方式,相当于直流电动机_____调速的情况,属于近似_____调速。

5. 变频调速系统中输出电压的调节方式有_____调制方式与_____调制方式。

6. 直流斩波器是接在_____与_____之间,将恒定直流电压变换为_____的装置,也可称为直流_____直流变换器。

7. 晶闸管直流斩波器的换流方式有_____换流和_____换流两种。

8. 变频器按供电电压分为_____变频器、_____变频器、_____变频器。

9. 变频器按供电电源的相数分为_____变频器和_____变频器。

10. 变频器按变频过程分为_____变频器和_____变频器。

11. 变频器的输出端不允许接_____,也不允许接_____电动机。

12. 矢量控制方式包括_____矢量控制方式和_____的矢量控制方式两种。

二、判断题

1. 直流斩波器可以把直流电源的可调电压变为固定的直流电压输出。　　　　　　　（　　　）

2. 斩波器的定频调宽工作方式,是保持斩波器通断频率不变,通过改变电压脉冲的宽度来改变输出电压平均值。　　　　　　　（　　　）

3. 变频调速性能优异、调速范围大、平滑性好、低速特性较硬,是笼型转子异步电动机的一种理想调速方法。 （　　）

4. 异步电动机的变频调速装置功能是将电网的恒压恒频交流电变换为变压变频交流电,对交流电动机供电,实现交流无级调速。 （　　）

5. 在变频调速时,为了得到恒转矩的调速特性,应尽可能地使电动机的磁通保持额定值不变。 （　　）

6. 变频调速时,应保持电动机定子供电电压不变,仅改变其频率即可进行调速。 （　　）

7. 交—交变频器把工频交流电整流为直流电,然后再由直流电逆变为所需频率的交流电。 （　　）

8. 交—直—交变频器将工频交流电经整流器变换为直流电,经中间滤波环节后,再经逆变器变换为变频变压的交流电,故称为间接变频器。 （　　）

9. 直流斩波器是应用于直流电源方面的调压装置,但输出电压只能下调。 （　　）

10. 采用转速闭环矢量变换控制的变频调速系统基本上能达到直流双闭环调速系统的动态性能,因而可以取代直流调速系统。 （　　）

三、选择题

1. 在变频调速时,若保持恒压频比(U/f＝常数),可实现近似(　　)。

A. 恒功率调速　　　　B. 恒效率调速　　　　C. 恒转矩调速　　　　D. 恒电流调速

2. 当电动机在额定转速以上变频调速时,要求(　　),属于恒功率调速。

A. 定子电源频率可任意改变　　　　B. 定子电压为额定值

C. 维持 U/f＝常数　　　　D. 定子电流为额定值

3. 交—直—交变频器主电路中的滤波电抗器的功能是(　　)。

A. 将充电电流限制在允许范围内　　　　B. 当负载变化时使直流电压保持平稳

C. 滤平全波整流后的电压纹波　　　　D. 当负载变化时使直流电流保持平稳

4. 在变频调速系统中,调频时须同时调节定子电源的(　　),在这种情况下,机械特性平行移动,转差功率不变。

A. 电抗　　　　　　B. 电流　　　　　　C. 电压　　　　　　D. 转矩

5. 变频调速系统在基速以下一般采用(　　)的控制方式。

A. 恒磁通调速　　　　B. 恒功率调速　　　　C. 变阻调速　　　　D. 调压调速

6. 电压型逆变器采用电容滤波,电压较稳定,(　　),调速动态响应较慢,用于多电动机传动及不可逆系统。

A. 输出电流为矩形波　　　　　　B. 输出电压为矩形波

C. 输出电压为尖脉冲　　　　　　D. 输出电流为尖脉冲

7. 变频器所允许的过载电流以(　　)来表示。

A. 额定电流的百分数　　　　　　B. 额定电压的百分数

C. 导线的截面积　　　　　　D. 额定输出功率的百分数

8. 变频器的频率设定方式不能采用(　　)。

A. 通过操作面板的加速/减速按键来直接输入变频器的运行频率

B. 通过外部信号输入端子来直接输入变频器的运行频率

C. 通过测速发电机的两个端子来直接输入变频器的运行频率

D. 通过通信接口来直接输入变频器的运行频率

9. 变频调速系统中的变频器一般由(　　　)组成。

A. 整流器、滤波器、逆变器　　　　　　　　B. 放大器、滤波器、逆变器

C. 整流器、滤波器　　　　　　　　　　　　D. 逆变器

四、简答题

1. 什么是斩波器？斩波器有哪几种工作方式？

2. 变频调速时，为什么常采用恒压频比（U/f 为常数）的控制方式？

3. 三相异步电动机变频调速系统有何优缺点？

4. 选择变频器驱动电动机时，应考虑哪些问题？

5. 变频调速系统一般分为哪几类？

参考文献

［1］秦虹.电机原理与维修［M］.北京:中国劳动社会保障出版社,2004.

［2］代天柱.电机与电气控制技术［M］.重庆:西南师范大学出版社,2011.

［3］劳动教材办公室.维修电工生产实习［M］.2 版.北京:中国劳动社会保障出版社,1997.

［4］李敬梅.电力拖动控制线路与技能训练［M］.4 版.北京:中国劳动社会保障出版社,2007.

［5］石秋洁.变频器应用基础［M］.北京:机械工业出版社,2010.